Der Aufbau der Materie

Drei Aufsätze über
moderne Atomistik und Elektronentheorie

Von

Max Born

Zweite, verbesserte Auflage

Mit 37 Textabbildungen

Berlin
Verlag von Julius Springer
1922

ISBN-13: 978-3-642-89561-6 e-ISBN-13: 978-3-642-91417-1
DOI: 10.1007/978-3-642-91417-1

Vorwort zur ersten Auflage.

Die drei Aufsätze, die den Inhalt dieses kleinen Buches bilden, sind während des letzten Jahres in den „Naturwissenschaften" erschienen. Sie behandeln denselben Gegenstand, die physikalische Atomistik, von verschiedenen Standpunkten aus; der erste gibt einen allgemeinen Überblick über die moderne Atomtheorie, die beiden andern stellen Fragen in den Vordergrund, um deren Lösung ich mich selbst bemüht habe. Die Ähnlichkeit der Themen bringt es mit sich, daß manche Wiederholungen vorkommen. Eine Verschmelzung der drei Aufsätze zu einer zusammenfassenden Darstellung schien mir ohne Beeinträchtigung ihres Charakters nicht möglich, auch nicht geboten, weil das kürzlich erschienene Buch von *A. Sommerfeld,* Atombau und Spektrallinien (Braunschweig, *Friedr. Vieweg & Sohn,* 1919) die Fortschritte der physikalischen Atomlehre mit großer Vollständigkeit und in anziehender, leichtfaßlicher Form vorführt. Der Abdruck meiner Aufsätze soll denen von Nutzen sein, die zum Studium des größeren Werkes von *Sommerfeld* keine Zeit haben.

Frankfurt a. M., 20. April 1920.

M. Born.

Vorwort zur zweiten Auflage.

Die Form der Aufsätze verbietet wesentliche Änderungen. So habe ich mich darauf beschränken müssen, die wichtigsten Fortschritte zu erwähnen, vor allen Dingen die Arbeiten *Astons* über die Isotopie der gewöhnlichen Elemente, die spektroskopische Bestimmung der Elektronenaffinität der Halogenatome durch *Franck* und die Messungen *Knippings* über die Ionisierungsarbeit der Halogenwasserstoffe. Im übrigen habe ich nur geringfügige Änderungen vorgenommen und die Literaturverzeichnisse ergänzt. Herr Dr. *R. Minkowski* hat mich beim Lesen der Korrekturen in liebenswürdiger Weise unterstützt.

Göttingen, 5. Dezember 1921.

M. Born.

Inhaltsverzeichnis.

Das Atom*).

Einleitung.

Die moderne Atomistik hat ihren Ursprung in der Chemie. Die Physik hat sich nur langsam und zögernd den atomistischen Vorstellungen zugewandt, und während die Handhabung der Atome und Molekeln des Chemikers tägliche Übung wurde, gab es noch vor wenigen Jahrzehnten Physiker, die die Atomtheorie als eine oft heuristisch nützliche, im Grunde aber vermeidbare Hypothese ansahen. Heute hat sich das sehr geändert; der Physiker darf, gestützt auf die Forschungen der letzten Jahre, sich erkühnen, dem Chemiker Auskunft zu geben über das Wesen des Atoms und seiner Wirkungen. Denn die physikalischen Methoden dringen tiefer in das Innere der Atome ein als die chemischen. Den Spekulationen der Chemiker über den Aufbau der Atome und die zwischen ihnen wirkenden Kräfte, besonders die Valenzkräfte, haftet ziemlich viel Willkür an, da sie sich in der Hauptsache auf die *eine* Betätigungsart der Atomkräfte, die chemische Bindung, stützen. Demgegenüber darf man behaupten, daß das Bild, das sich die heutige Physik vom Atom macht, in vielen wesentlichen Zügen willkürfrei ist und ziemlich fest steht; man darf mit Sicherheit hoffen, daß die zukünftige Forschung dieses Bild ausgestalten und

*) Nach einem Vortrage beim 50jährigen Stiftungsfeste der Frankfurter chemischen Gesellschaft am 1. November 1919.

vertiefen, aber die heute erkannten deutlichen Umrisse unangetastet lassen wird.

Wie sieht nun aber dieses Bild aus? Zu einer Schilderung, wie es allmählich entstanden ist, gleich einem Mosaik aus unzähligen Stückchen zusammengesetzt, dazu reicht der zur Verfügung stehende Raum nicht aus; es empfiehlt sich daher, den umgekehrten Weg zu beschreiten: Wir werden berichten, wie die Physik sich heute die Atome vorstellt, und dann daraus eine große Reihe ihrer Eigenschaften ableiten, die durch Erfahrung bekannt sind.

Man könnte dieses Verfahren eine begriffliche *Synthese der Welt* nennen. Denn alles Materielle besteht aus Atomen, und der Physiker darf, frei nach *Archimedes*, sagen: Gebt mir das Atom, und ich baue euch die Welt daraus.

1. Elektronen und Kerne.

Für die Chemie ist das Atom noch immer das Kleinste, Unteilbare, wie sein Name ausdrückt. Für die Physik kann es das nicht mehr sein; sonst hätte ja die Frage nach der Konstitution des Atoms gar keinen Sinn. Auch lehrt ein Blick in das Spektroskop, worin etwa die ungezählten Linien des Eisenspektrums erscheinen, daß recht verwickelte Schwingungsvorgänge im Eisenatom vor sich gehen müssen, gegen die die modernste Musik eines *Reger* oder *Mahler* ein Kinderspiel ist.

Wenn nun aber das Atom selbst ein Gebäude ist, welches sind seine Bausteine?

Wir schildern zunächst, was die Physik darauf antwortet und geben nachträglich die Beweise für die Behauptungen soweit, als es der beschränkte Raum gestattet.

Es gibt zwei Arten von Bausteinen, die sich durch ihre elektrischen Ladungen unterscheiden. Die *negativ geladenen Teilchen* sind sämtlich gleich groß und gleich stark geladen; sie heißen *Elektronen.* Ihre Masse ist äußerst klein ($^1/_{1833}$) gegen die des H-Atoms. Es ist sehr wahrscheinlich, daß auch die *positiv geladenen Teilchen* auf ein einziges Urteilchen zurückgeführt werden können; wir werden später davon sprechen, wie diese Frage heute steht, vorläufig aber annehmen, daß es ebenso viele Arten solcher positiven Teilchen gibt wie chemische Elemente. Sie enthalten den Hauptanteil der trägen und schweren Masse der Atome und werden daher *Atomkerne,* kurz *Kerne* genannt.

2. Aufbau des Atoms.

Ein Atom oder Ion besteht aus einem Kern und einer Anzahl z von Elektronen. Ist das Atom *neutral,* so muß die Kernladung gerade so groß sein wie die aller Elektronen zusammen; und da diese alle einander gleich sind und alle dieselbe Ladung e haben, so muß die Kernladung ein ganzes Vielfaches von e, ze sein. Diese Zahl z heißt die *Kernladungszahl* oder auch die *Atomnummer* oder *Ordnungszahl.* Man kann nämlich alle Kerne in eine Reihe nach wachsenden z anordnen, und zwar erhält man dann genau dieselbe Reihenfolge wie die bekannte des periodischen Systems der Elemente (Abb. 1). H hat $z = 1$, He $z = 2$, usw. Wesentlich ist dabei, daß nicht das Atomgewicht maßgebend ist, sondern die Kernladung. Bekanntlich gibt es mehrere Fälle, wo die auf den chemischen Eigenschaften beruhende Reihenfolge des periodischen Systems nicht mit dem Anwachsen des Atomgewichtes parallel geht; so steht das leichtere Kalium (K) hinter dem Argon (A), ebenso das leichtere Nickel (Ni) hinter dem Kobalt (Co). Wir werden nachher sehen, daß die Reihenfolge des periodischen Systems tief in der Natur des Atoms begründet ist.

	O	I a	I b	II a	II b	III a	III b	IV a	IV b	V a	V b	VI a	VI b	VII a	VII b	VIII		
1 H 1,008	**2** He 4,00	**3** Li 6,94		**4** Be 9,1		**5** B 10,90			**6** C 12,00		**7** N 14,01		**8** O 16,00		**9** F 19,00			
—	**10** Ne 20,2	**11** Na 23,00		**12** Mg 24,32		**13** Al 27,1			**14** Si 28,3		**15** P 31,04		**16** S 32,07		**17** Cl 35,46			
—	**18** A 39,9	**19** K 39,10		**20** Ca 40,07		**21** Sc 45,1		**22** Ti 48,1		**23** V 51,0		**24** Cr 52,0		**25** Mn 54,93		**26** Fe 55,84	**27** Co 58,97	**28** Ni 58,68
—			**29** Cu 63,57		**30** Zn 65,37		**31** Ga 70,1		**32** Ge 72,5		**33** As 74,96		**34** Se 79,2		**35** Br 79,92			
—	**36** Kr 82,92	**37** Rb 85,5		**38** Sr 87,6		**39** Y 88,7		**40** Zr 90,6		**41** Nb 93,5		**42** Mo 96,0		**43** — —		**44** Ru 101,7	**45** Rh 102,9	**46** Pd 106,7
—			**47** Ag 107,88		**48** Cd 112,4		**49** In 114,8		**50** Sn 118,7		**51** Sb 120,2		**52** Te 127,5		**53** J 126,92			
—	**54** X 130,2	**55** Cs 132,8		**56** Ba 137,4		**57** La 139,0		**58** Ce 140,3	**59** Pr 140,9	**60** Nd 144,3	**61** — —	**62** Sm 150,4	**63** Eu 152,0	**64** Gd 157,3				
—								**65** Tb 159,2	**66** Dy 162,5	**67** Ho 163,5	**68** Er 167,7	**69** Tu 169,4	**70** Yb 173,8	**71** Lu 175,0	**72** — —			
—										**73** Ta 181,5		**74** W 184,0		**75** — —		**76** Os 190,9	**77** Ir 193,1	**78** Pt 195,2
—			**79** Au 197,2		**80** Hg 200,6		**81** Tl 204,0		**82** Pb 207,20		**83** Bi 209,0		**84** Po (210,0)	**85** — —				
—	**86** Em (222,0)	**87** — —		**88** Ra 226,0		**89** Ac (226)		**90** Th 232,1		**91** Bv 234		**92** U 238,2						

Abb. 1. Das periodische System der Elemente mit Atomnummern und Atomgewichten.

Im neutralen Atom ist jeder Kern von so viel Elektronen umgeben, wie seine Nummer z angibt, also der H-Kern von 1 Elektron, der He-Kern von 2 Elektronen usw. Fehlt ein Elektron, so überwiegt die positive Kernladung und man hat ein einwertiges *positives Ion*. Ist ein Elektron mehr da, als die Zahl z beträgt, so hat man ein *einwertiges negatives Ion*. In derselben Weise können zwei- und mehrwertige positive und negative Ionen entstehen. So ist z. B. das H^{+}-Ion nichts als der nackte H-Kern, das He^{++}-Ion der nackte He-Kern, den wir sogleich in den α-Strahlen wiederfinden werden.

3. Die Atomistik der Elektrizität.

Ehe wir nun den Entwurf des Systems der Atome in allen Einzelheiten ausgestalten, wird es an der Zeit sein, die Behauptungen zu begründen. Schon *Helmholtz* hat zur Erklärung der bekannten Erscheinungen der Elektrolyse die Hypothese aufgestellt, daß nicht nur die Materie, sondern auch die Elektrizität atomistisch konstituiert sei. Dadurch erklärt sich ja auch ohne weiteres das bekannte Faradaysche Gesetz, daß chemisch äquivalente Mengen bei der Elektrolyse immer dieselbe Elektrizitätsmenge transportieren. Die Entdeckung der Kathodenstrahlen und später der Strahlen radioaktiver Substanzen ermöglichte den Beweis der Helmholtzschen Hypothese. Wenn man z. B. ein Kathodenstrahlbündel in ein elektrisches Feld bringt, so wird es gerade so abgelenkt, als bestände es aus einzelnen negativ geladenen, trägen Teilchen. Die Abb. 2 zeigt ein evakuiertes Glasrohr mit

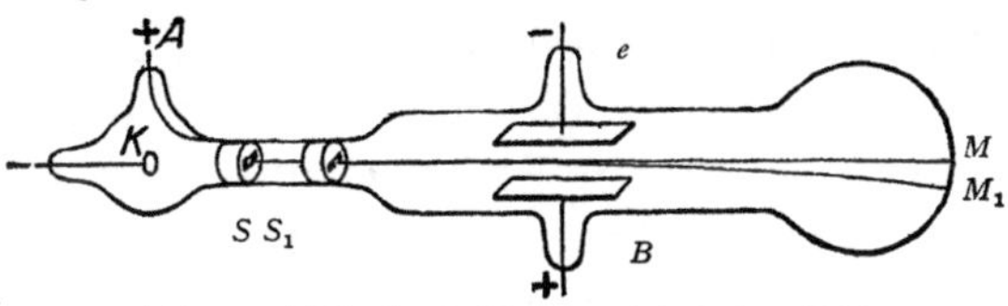

Abb. 2. Kathodenstrahlen im elektrischen Felde.

der Anode A und der Kathode K; von dieser gehen die Kathodenstrahlen aus und passieren den Zwischenraum zwischen zwei geladenen Kondensatorplatten, durch die sie abgelenkt werden. Durch Kombination der elektrischen mit einer magnetischen Ablenkung kann man die Geschwindigkeit und das Verhältnis von Ladung und Masse e/m bestimmen[1]). Dieses fand sich vielmals größer als bei der Elektrolyse, nämlich

$$\frac{e}{m} = 5{,}31 \cdot 10^{17} \text{ E. S. E. pro g;}$$

macht man nun die naheliegende Annahme, daß die Ladung in beiden Fällen denselben Wert hat, so folgt, daß die Masse der Kathodenstrahlteilchen viel kleiner sein muß als die der Atome, etwa 1830 mal kleiner als die des H-Atoms. Diese leichten, negativen Teilchen sind die Elektronen.

4. Die positive Elektrizität.

Man hat auch positive Strahlen gefunden und für sie das Verhältnis e/m bestimmt; z. B. die sog. Kanalstrahlen von *Goldstein*[2]), die aus Löchern der Kathode in der entgegengesetzten Richtung austreten wie die Kathodenstrahlen, und die α-Strahlen der radioaktiven Substanzen. Hierbei ergab sich aber e/m von derselben Größenordnung wie bei der Elektrolyse. Überhaupt ist es niemals gelungen, die positive Elektrizität von der Materie zu isolieren. Man schließt daraus, daß die trägen, schweren Teile der Atome die positiven Elementarteilchen sind. Besonders wichtig ist der Befund, daß die α-Teilchen der radioaktiven Substanzen doppelt geladene He-Atome, also nackte He-Kerne sind[3]). *J. J. Thomson* hat in Vakuumröhren Kanalstrahlen von allen möglichen Substanzen herstellen und ihr e/m messen können[4]). Diese Versuche sind neuerdings von *Aston* sehr verfeinert worden; wir werden auf diese Untersuchungen, die für die Erkenntnis des Wesens der positiven Elementarteilchen äußerst wichtig sind, später zurückkommen.

5. Die Ladung des Elektrons.

Die Elektronen werden nun zur Erklärung zahlreicher elektrischer und optischer Erscheinungen herangezogen. So wurde gezeigt, daß die Farbenzerstreuung des Lichtes auf dem Mitschwingen elastisch gebundener Elektronen in den Atomen beruht, und es konnte aus rein optischen Messungen des Brechungsindex das Verhältnis e/m in guter Übereinstimmung mit dem Kathodenstrahlwert berechnet werden[5]). Dasselbe gelang mit Hilfe der Erscheinung, daß die Emissionslinien leuchtender Gase in magnetischen Feldern verschoben und aufgespalten werden (*Zeeman*-Effekt)[6]).

Englische Physiker studierten die Leitfähigkeit der Gase und erklärten sie durch Ionisierung der Gasatome; diese Untersuchungen führten schließlich zur Auffindung einer Methode, um das elektrische Elementarquantum e in absoluten Einheiten zu messen[7]). Kleine Tröpfchen aus Wasser oder Öl, oder Kügelchen aus Metall von mikroskopischen oder submikroskopischen Dimensionen nehmen in ionisierten Gasen Ladungen an und wandern daher in elektrischen Feldern; sie stellen also ungeheuer empfindliche Elektroskope dar. Auf diese Weise fand *Millikan* (in Chikago), daß alle vorkommenden Ladungen der Tröpfchen ganzzahlige Vielfache des Quantums

$$e = 4{,}77 \cdot 10^{-10} \text{ E. S. E.}$$

sind; dieses gilt heute als die Elektronenladung. *Ehrenhaft* (in Wien), der mit wesentlich kleineren Tröpfchen hantiert, glaubte viel kleinere Ladungen gefunden zu haben und leugnete die Existenz eines Elektrons in dieser Größenordnung. Doch ist durch neue Versuche, besonders von *E. Regener* und seinen Schülern sowie von *R. Bär*, sehr wahrscheinlich gemacht worden, daß die von *Ehrenhaft* beobachteten Erscheinungen nicht durch Unterschreitung der Elementarladung zu erklären sind, sondern darauf beruhen, daß Gase an der Oberfläche der kleinen Kügelchen adsorbiert und dadurch anomal kleine Dichten der Teilchen vorgetäuscht werden.

6. Die Größe der Elektronen und Kerne.

Wie groß muß man sich nun das Elektron vorstellen? Die Antwort darauf gibt ein allgemeiner Satz der Elektrodynamik, der eng mit der modernen Relativitätstheorie verknüpft ist. Unter der Masse eines Körpers versteht die Physik nicht irgendein Maß für die Quantität der Materie, sondern dasjenige, welches durch den Trägheitswiderstand gegen Geschwindigkeitsänderungen (Beschleunigungen) geliefert wird. Die Massen zweier Körper verhalten sich wie die Geschwindigkeitsänderungen, die ein und dieselbe Kraft ihnen erteilt. Aus dieser Definition und dem Schwerpunktsatze der Mechanik folgt nun, daß die Masse nicht exakt konstant ist, sondern von dem Energieinhalte des Körpers abhängt. Diese höchst wichtige Tatsache hat *Einstein* etwa so begründet:

Man denke sich ein langes Rohr (Abb. 3); an dem einen Ende sei ein Körper A, am andern ein Körper B von genau gleichem Material und genau gleicher Größe, also mit gleicher gewöhnlicher Masse. A enthalte eine gewisse Energiemenge mehr als B und eine Einrichtung, daß diese als Lichtblitz in der Richtung nach B ausgestrahlt werden kann. Wenn das geschieht, erfährt A

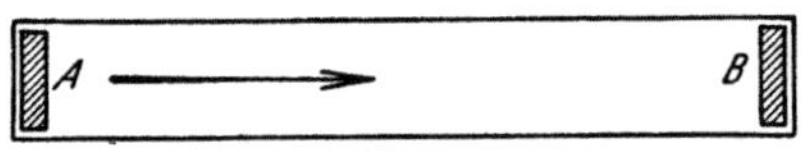

Abb. 3.

durch den Lichtdruck, dessen Existenz experimentell und theoretisch gesichert ist, einen Rückstoß; das ganze Rohr wird sich also so lange nach links bewegen, bis das Licht in *B* angelangt und dort absorbiert ist. Bei dem Auftreffen des Lichtes in *B* wirkt der Lichtdruck in der umgekehrten Richtung und mit derselben Stärke, so daß das Rohr zur Ruhe kommt, in einer gegen die Anfangslage etwas verschobenen Stellung. Jetzt mögen die beiden Körper *A* und *B* ihre Plätze wechseln; haben sie beide die gleiche gewöhnliche Masse und wäre diese mechanisch allein maßgebend, so würde bei der Vertauschung von *A* und *B* ihr Schwerpunkt in Ruhe bleiben, also das ganze Rohr keine Verschiebung erleiden. Dann wäre nachher derselbe Zustand wie zu Anfang erreicht: da, wo vorher *A* war, ist jetzt *B* mit demselben Energieüberschuß, und an Stelle von *B* ist jetzt *A* in dem Zustande, den *B* vorher hatte. Daher kann man den Prozeß wiederholen und die Energie in Strahlungsform von *B* nach *A* schicken; dabei würde das Rohr wieder eine Verrückung von derselben Größe erfahren. Durch vielfache Wiederholung des Vorganges kann der Körper also ohne Anwendung äußerer Kräfte aus der Ruhe in Bewegung gesetzt und beliebig weit transportiert werden. Das widerspricht den Grundsätzen der Mechanik. Man muß, um diesen Widerspruch zu lösen, annehmen, daß beim Austausch der beiden Körper *A*, *B* der mit dem Energieüberschuß versehene eine größere Masse hat, die so bestimmt ist, daß die durch den Lichtdruck erzeugte Verschiebung gerade bei dem Rücktransport wieder rückgängig gemacht wird. Diese Massenvergrößerung hängt natürlich von dem Energieüberschusse ab. Auch auf andere Weisen kann man zeigen, daß die Masse eines Körpers zunimmt, wenn sein Energieinhalt vermehrt wird. Der Gedanke liegt nicht fern, daß die ganze Masse eines Körpers von seiner Energie herrührt. Die genaue mathematische Analyse auf Grund des Relativitätsprinzips liefert den Satz, daß die Masse eines Körpers gleich seinem Energieinhalte dividiert durch das Quadrat der Lichtgeschwindigkeit ist[8]):

$$m = \frac{E}{c^2}.$$

Ist nun das Elektron nichts als abstrakte elektrische Ladung, so ist seine Energie bis auf einen Zahlenfaktor der Größenordnung 1 gleich $\frac{e^2}{r}$, wo r der Radius des Elektrons ist; also die Masse

$$m = \frac{e^2}{c^2 r},$$

und daraus folgt

$$r = \frac{e}{m} \cdot e \cdot \frac{1}{c^2}.$$

Mit den angegebenen Werten von e/m, e und $c = 3 \cdot 10^{10}$ cm/sec findet man

$$r = \frac{5{,}3 \cdot 10^{17} \cdot 4{,}8 \cdot 10^{-10}}{9 \cdot 10^{20}} = 3 \cdot 10^{13} \text{ cm}.$$

Nach bekannten Schätzungen sind die Atomradien von der Größenordnung 10^{-8} cm, also ist das Elektron außerordentlich klein gegen das Atom. Will man aber die Masse der Atomkerne selbst rein elektrisch deuten, so muß man bedenken, daß sie fast 2000 mal größer ist als die des Elektrons; da nun unsere Formel zeigt, daß Masse und Radius umgekehrt proportional sind, so wird der Radius des Kernes etwa 2000 mal kleiner als der des Elektrons. Dieses merkwürdige Resultat, daß die positiv geladenen, trägen Massen in außerordentlich winzigen Räumen konzentriert sind, ist nun durch Erfahrungen sehr gut bestätigt worden, wie wir sogleich sehen werden.

7. Thomsons Atommodell.

Wir kommen nämlich nun zu den Kernen und dem Aufbau der Atome aus Kernen und Elektronen. Um die scharfen Spektrallinien zu erklären, glaubte man annehmen zu müssen, daß die Elektronen in den Atomen um Gleichgewichtslagen mit scharf bestimmten Schwingungszahlen oszillieren können. Aber elektrische Ladungen, die sich nicht durchdringen, bilden keine stabilen Konfigurationen. Daher konstruierte Lord *Kelvin* ein Atommodell, das später *J. J. Thomson* weitgehend ausarbeitete[9]): Die positive Elektrizität bildet eine Kugel, deren Radius von der Größenordnung 10^{-8} cm ist, und in dieser schwimmen die negativen Elektronen. Diese bilden dann nach den Gesetzen der Elektrostatik regelmäßige Anordnungen, deren Eigenschaften gewisse Ähnlichkeit mit denen der Atome haben. Aber in vieler Hinsicht versagt dieses Modell, besonders hinsichtlich der Erklärung der großen Zahl von Spektrallinien und ihrer wunderbaren Gesetze, von denen wir nachher zu reden haben werden. Theoretisch ist die Kelvinsche Kugel verdächtig wegen ihrer Größe, die eine elektrische Deutung der Masse ausschließt.

8. Rutherfords Kerntheorie.

Daß nun die Atommassen tatsächlich in selbst gegen das Elektron kleinen Räumen zusammengedrängt sind, haben zuerst *Rutherford* und seine Schüler[10]) nachgewiesen, und zwar mit Hilfe der Zerstreuung der α-Strahlen. Wir sehen hier einige Bilder der Bahnen von α-Teilchen, die nach einer Methode von *Wilson*[11]) aufgenommen sind (Abb. 4, 5); die Teilchen ionisieren nämlich auf ihrer Bahn die Luft, und wenn diese mit Wasserdampf übersättigt ist, so kondensiert sich dieser um jedes Ion als

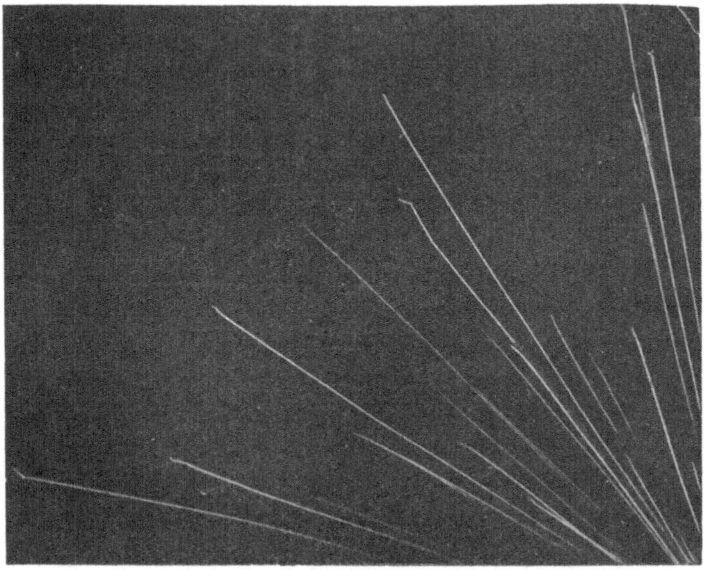

Abb. 4 und 5. Bahnen von α-Strahlen.

Tröpfchen und macht die Bahn des α-Strahls sichtbar. Man erkennt deutlich die begrenzte Reichweite der Strahlen und sieht, daß einige am Schlusse ihres Weges plötzlich scharfe Ablenkungen erfahren (Abb. 6). Durch genaues Studium dieser Reichweite und dieser Zerstreuungen, besonders in Metallfolien, konnte *Rutherford* feststellen, daß die mit

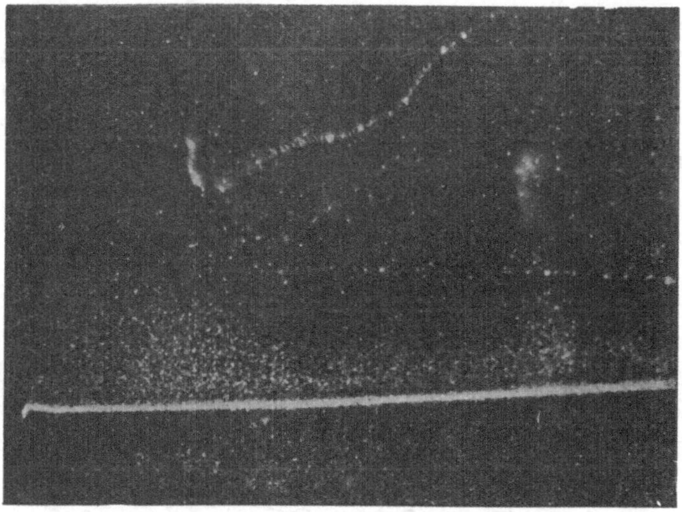

Abb. 6. Bahn eines α-Strahls mit plötzlicher Ablenkung.

schwerer Masse behafteten Teile der Materie ungeheuer klein sein müssen, damit einerseits die α-Strahlen überhaupt so weit eindringen, wie sie es tun, und andererseits so plötzliche Ablenkungen erfahren. Er konnte auch aus seinen Messungen die Größe der Kernladung bestimmen und fand sie, gemessen in Quanten e, etwa gleich dem halben Atomgewicht:

$$z = \frac{A}{2}\,.$$

Danach hätte also He die Nummer $z = {}^4/_2 = 2$, C die Nummer $z = {}^{12}/_2 = 6$, genau wie auf Abb. 1 angegeben. Dieses Resultat wurde dann durch Untersuchungen über die Zerstreuung der Röntgenstrahlen gestützt[12]). Man kann nämlich den Betrag an Energie berechnen, den ein von einer elektrischen Welle getroffenes Elektron dieser Welle entzieht, indem es selbst in Schwingungen gerät, und den es als zerstreute Strahlung in den Raum aussendet. Man darf nun annehmen, daß jedes der Elektronen des Atomes unabhängig von den anderen diesen Betrag zerstreut, und man findet umgekehrt durch Messung der zerstreuten Energie den Wert von z. Wiederum ergab sich

$$z = \frac{A}{2}.$$

9. Die Interferenz der Röntgenstrahlen.

Daß es sich aber bei der Zahl z um wirkliche Zählung der Elektronen handelt[13]), hat erst die Erforschung der Röntgenspektren ergeben, die durch *M. v. Laues*[14]) großartige Entdeckung der Untersuchung zugänglich wurden.

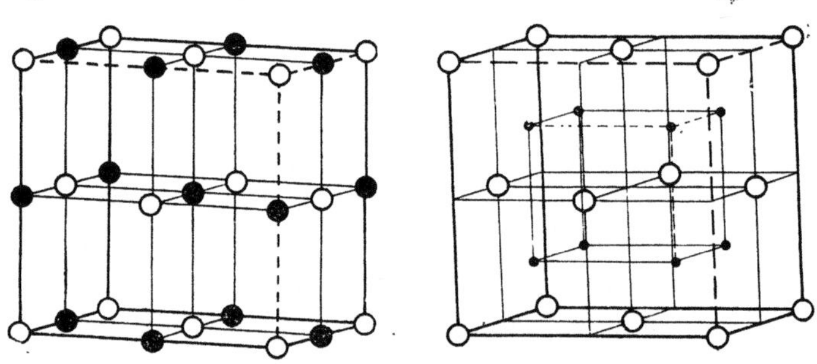

Abb. 7. Gitter des Steinsalzes (NaCl) und des Flußspats (CaF_2).

Diese Entdeckung beruht bekanntlich auf der Vorstellung, daß die Kristalle Atomgitter seien, und zwar von so kleiner Gitterkonstante, daß sie als Beugungsgitter für die kurzwelligen Röntgenstrahlen verwandt werden können. Die Abb. 7 zeigt einige solche Gitter, die den Kristallen Steinsalz NaCl und Flußspat CaF_2 zugehören.

Die Abb. 8 zeigt die Lauesche Apparatur zur Erzeugung von Interferenzbildern der Röntgenstrahlen. Der aus der Röntgenröhre austretende Strahl trifft ein Stück des Kristalls *K*, hinter dem eine photographische Platte *P* aufgestellt ist. Auf dieser erhält man dann außer dem Bilde

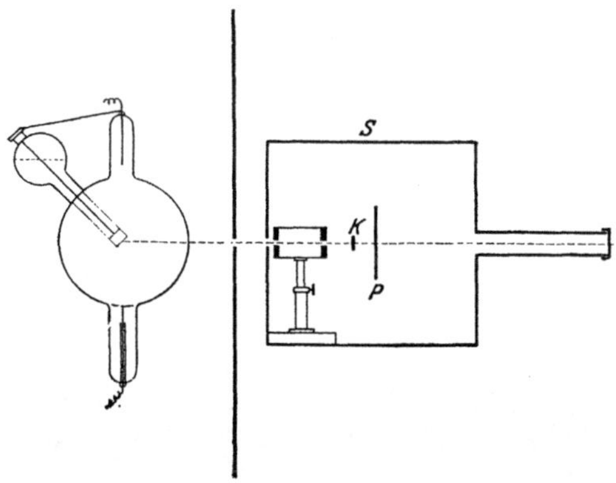

Abb. 8. Apparat zur Erzeugung von Interferenzbildern der Röntgenstrahlen nach *Laue*.

des direkten Strahls zahlreiche Nebenbilder, die eine deutliche Gesetzmäßigkeit zeigen und die Symmetrieverhältnisse des Kristalls widerspiegeln (Abb. 9 und 10). Aus diesen Laue-Aufnahmen kann man dann durch Messung und Rechnung Schlüsse ziehen, einerseits auf die Struktur des Kristallgitters, andererseits auf die Zusammensetzung (die „Farben") des Röntgenlichtes. Die Abb. 11 zeigt neben der Aufnahme eine theoretische Figur, bei der die Entstehung und Bedeutung der Interferenzflecke durch eingezeichnete Kurven kenntlich gemacht ist. Wirkliche

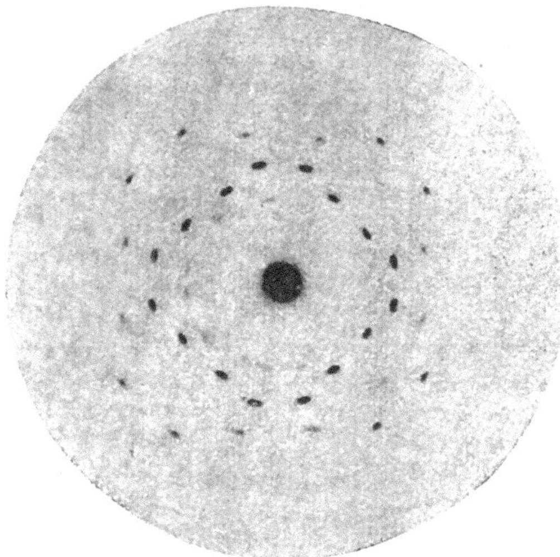

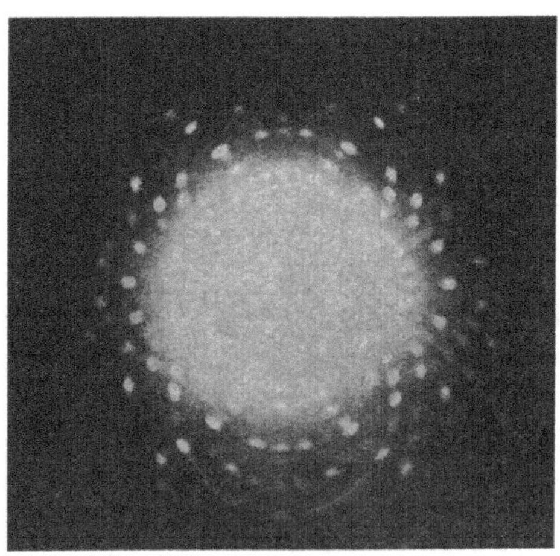

Abb. 9 und 10. Röntgenstrahlinterferenzen nach *Laue*.

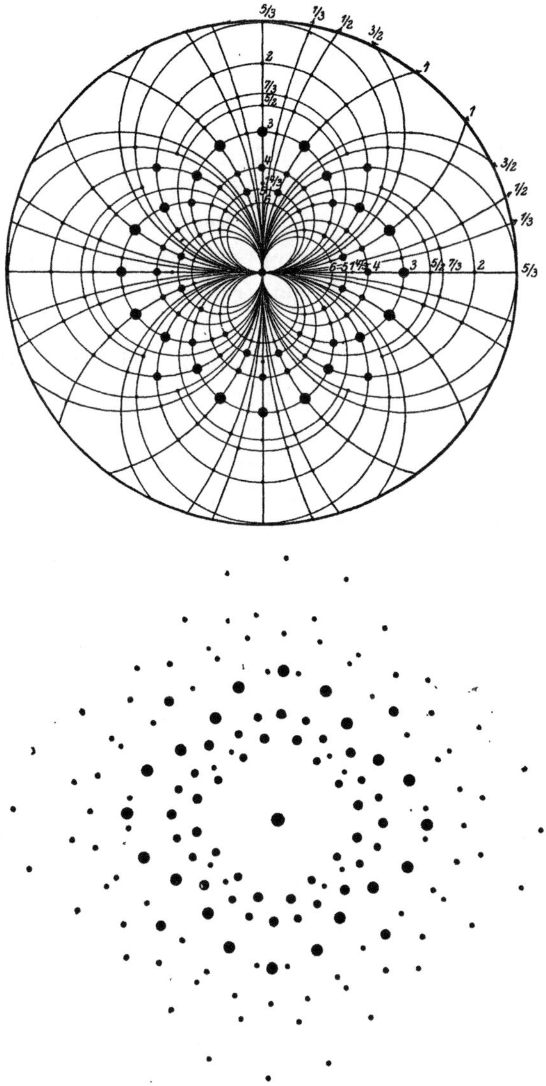

Abb. 11. *Laue*-Interferenzen und ihre theoretische Deutung.

Röntgenspektroskopie haben zuerst die beiden *Bragg*[15]), Vater und Sohn, ausgeführt. Sie benützen die Tatsache, daß Röntgenlicht an einer natürlichen Kristallfläche reflektiert wird, aber nicht unter allen Einfallswinkeln, sondern nur unter ganz bestimmten, deren Größe von der Wellenlänge abhängt. Daher drehen sie den Kristall (Abb. 12) hin und her, um alle möglichen Einfallswinkel der Reihe nach zu haben, und erhalten dann auf den photographischen Platten richtige „Spektren" der Röntgenstrahlen. Die *Bragg* haben zuerst sichere Angaben über die Gitterstruktur einfacher

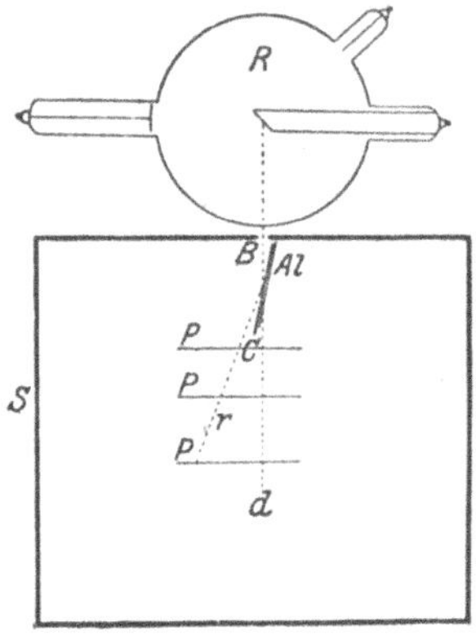

Abb. 12. Röntgenspektograph nach *Bragg*. *R* Röntgenrohr, *B* Blende, *C* Kristallplatte, *Al* Kristallträger, *P P P* photographische Platten, *S* Schutzkasten, *d* durchgehender Strahl, *r* reflektierter Strahl.

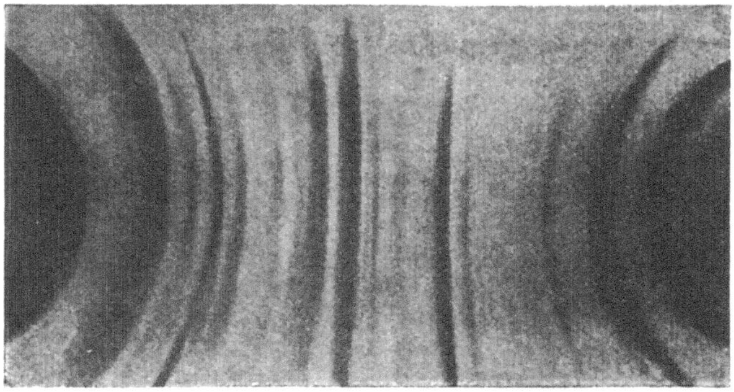

Abb. 13. Röntgenspektrum nach *Debye*.

Kristalle gemacht und Wellenlängen von Röntgenstrahlen genau gemessen. Der junge Physiker *Moseley*[16]), der leider im Kriege gefallen ist, hat mit Braggschen Methoden zuerst systematisch das Röntgenspektrum zahlreicher Elemente durchforscht. Von *Debye*[17]) rührt eine Modifikation des Braggschen Verfahrens her; anstatt einen großen Kristall zu drehen, benützt er ein Pulver aus feinsten Kriställchen, dessen verschiedene Körner von selber alle möglichen Lagen gegen den Röntgenstrahl haben. Abb. 13 ist eine Originalaufnahme von einem Metallspektrum.

Der beste Röntgenspektroskopiker ist heute wohl der Schwede *Siegbahn*[18]); Abb. 14 zeigt eine Aufnahme des

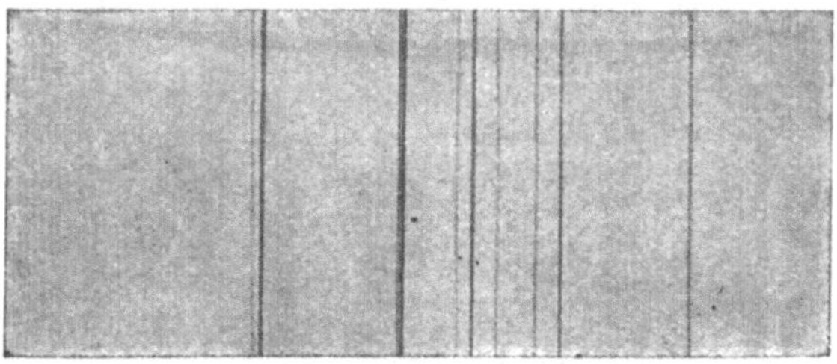

Abb. 14. Die *L*-Reihe des Aldebaraniums.

Aldebaraniumspektrums, um anschaulich zu machen, auf welcher Höhe heute die Kunst der Röntgenspektroskopie ist. Die Schönheit des Bildes steht keinem optischen Spektrum nach.

10. Die Röntgenspektra.

Was ist nun das Hauptergebnis dieser Forschungen? Es rührt im wesentlichen schon von dem obengenannten *Moseley* her. Die Abb. 15 und 16 zeigen das überraschende Resultat:

Alle Elemente haben wesentlich dasselbe Röntgenspektrum, nur rücken alle Linien mit wachsender Atomnummer z nach wachsenden Schwingungszahlen ν oder nach abnehmenden Wellenlängen λ. Dabei ergibt sich das einfache Gesetz, daß $\sqrt{\nu}$ oder $1/\sqrt{\lambda}$, als Funktion von z aufgetragen, eine gerade Linie ist, oder wenigstens eine

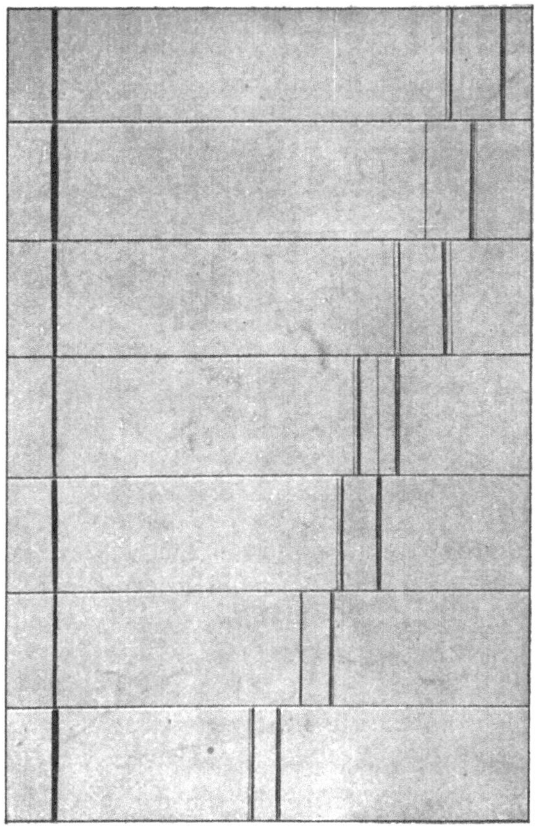

Abb. 15. Die K-Reihe einiger Elemente.

schwach gekrümmte Kurve[19]). Die Abb. 17 und 18 zeigen das für die beiden Hauptgruppen der Röntgenlinien, die *K*- und *L*-Serie; jede dieser Serien besteht aus einer An-

Abb. 16. Die L-Reihe einiger Elemente.

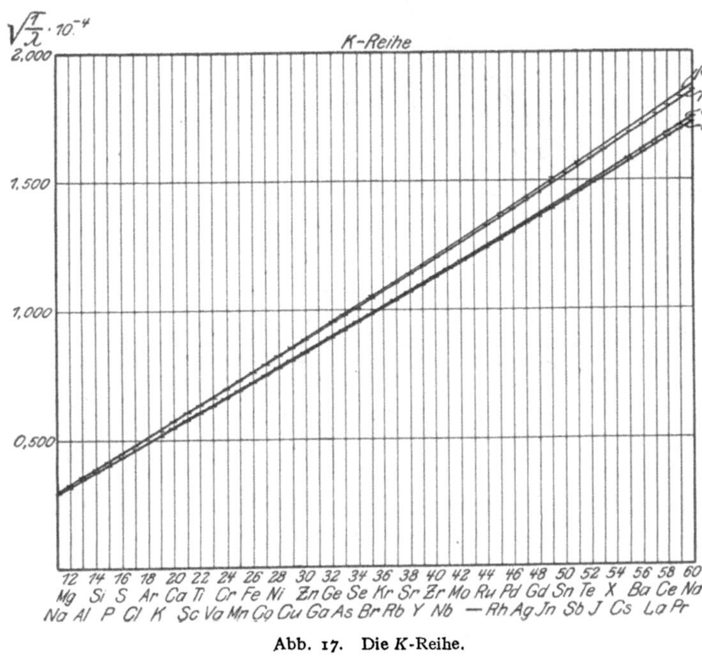

Abb. 17. Die K-Reihe.

zahl von Linien, die von Element zu Element aufgetragen je eine glatte, fast *gerade* Linie ergeben. Daß es sich dabei wirklich um die Atomnummer z, nicht um das

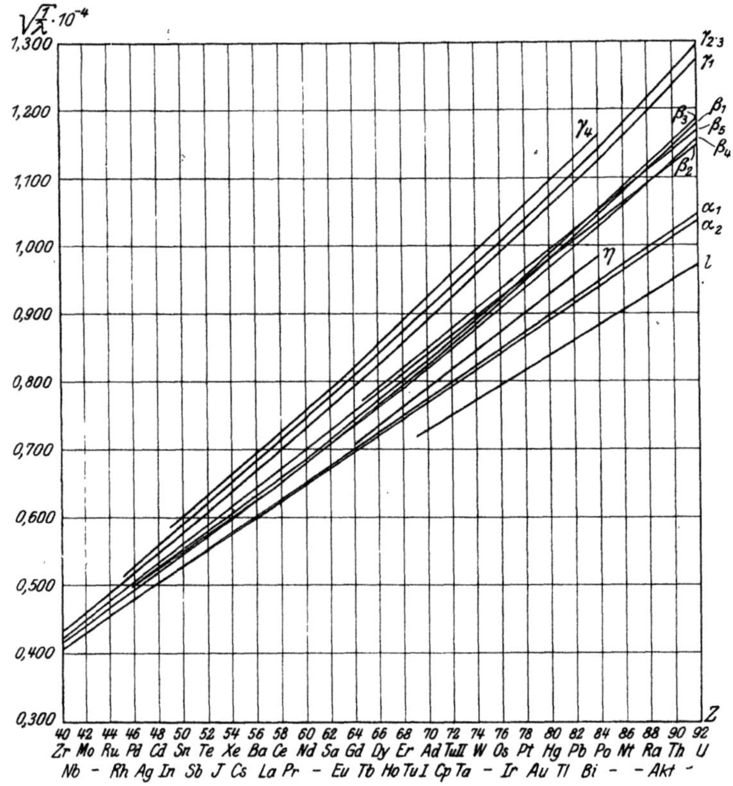

Abb. 18. Die L-Reihe.

Atomgewicht A handelt, zeigt das folgende Bild (Abb. 19), wo $\sqrt{\nu}$ als Funktion von z eine glatte Gerade, als Funktion von A eine unregelmäßige Wellenlinie gibt.

Damit ist aber der fundamentale Charakter der Atomnummer z nachgewiesen. Man weiß nun genau, daß wirklich A vor K, Co vor Ni geht; man weiß genau, daß nur fünf Elemente im periodischen System fehlen, denn sogar

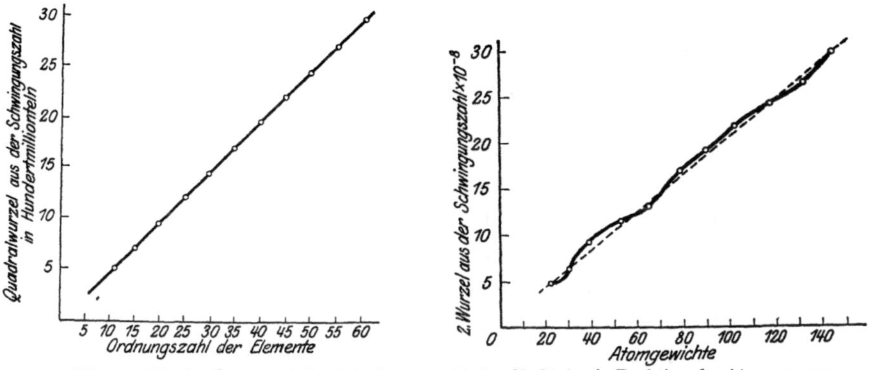

Abb. 19. Die Quadratwurzel der Schwingungszahl der $K\alpha$-Linie als Funktion der Atomnummer und des Atomgewichtes.

die seltenen Erden folgen lückenlos dem $\sqrt{\nu}$-Gesetze. Die Entdeckung dieser fehlenden Elemente mit Hilfe der Röntgenspektren ist jetzt in greifbare Nähe gerückt.

11. Der Atombau.

Welche Folgerungen über den Atombau lassen sich nun aus diesen Tatsachen ziehen? Es ist wohl klar, daß die Röntgenstrahlen aus dem Innersten des Atoms stammen, während die chemischen, optischen, magnetischen Eigenschaften der Atome von ihren äußeren Teilen bestimmt werden. Dann lehrt die Gleichartigkeit der Röntgenspektren den Satz:

Alle Atome haben im Innern denselben Aufbau.

Verbindet man diesen Satz mit der Tatsache, daß gewisse Röntgenlinien erst von einem bestimmten Elemente an auftreten, und mit der bekannten Periodizität des chemischen und physikalischen Verhaltens, so gelangt man zu der Vorstellung von der *schalenförmigen Anordnung* der Elektronen um den Kern.

Das H-Atom hat 1 Elektron, das He-Atom 2 Elektronen; diese bilden die erste Schale (oder den ersten Ring). Mit dem Alkalimetall Li beginnt die zweite Schale, zunächst aus 1 Elektron bestehend; sie wächst bis zum Ne auf 8 Elektronen; dann beginnt die dritte Schale bei Na mit 1 Elektron und wächst bis A auf 8 Elektronen. Bei den großen Perioden ist der weitere Aufbau der Schalen aus chemischen Daten nicht ohne viel Willkür zu konstruieren; es sind da schon manche Hypothesen aufgestellt worden, doch wollen wir nicht darauf eingehen. Jedenfalls liefert unser Prinzip zwei Grundtatsachen:

1. Die innersten Schalen sind für alle Atome von einer gewissen Stelle an qualitativ identisch, werden also qualitativ dieselben Röntgenstrahlen erzeugen; quantitativ aber erkennt man, daß die Elektronen mit wachsender Kernladungszahl z immer fester an den Kern gebunden werden, wodurch die Frequenz der Röntgenstrahlen immer größer wird. Die Quantentheorie der Emission, von der wir sogleich noch sprechen werden, liefert in der Tat das Gesetz, daß $\sqrt{\nu}$ näherungsweise proportional z ist.

2. Die äußerste Schale hat die Periode 8 und ist für Elemente derselben Vertikalreihe identisch, entsprechend dem gleichen chemischen und optischen Verhalten. *Kossel*[20]) hat diese Vorstellungen qualitativ weiter ausgebaut und sie mit dem Verhalten der elektrochemischen Valenzen in Übereinstimmung gebracht. Er nimmt an, daß der Konfiguration von 8 Elektronen, wie sie die äußersten Schalen der Edelgase zeigen, eine besonders hohe Stabilität zukommt. Eine Schale von 1 Elektron ist wenig stabil, das Elektron wird leicht abgegeben; etwas fester sitzen schon 2 Elektronen usw. Eine Schale von 7 Elektronen sucht ein Elektron an sich zu ziehen und sich zur stabilen

Konfiguration der 8 Elektronen zu ergänzen; eine Schale von 6 Elektronen zieht 2 Elektronen an, aber mit geringerer Stärke usw. Auf diese Weise wird das polare

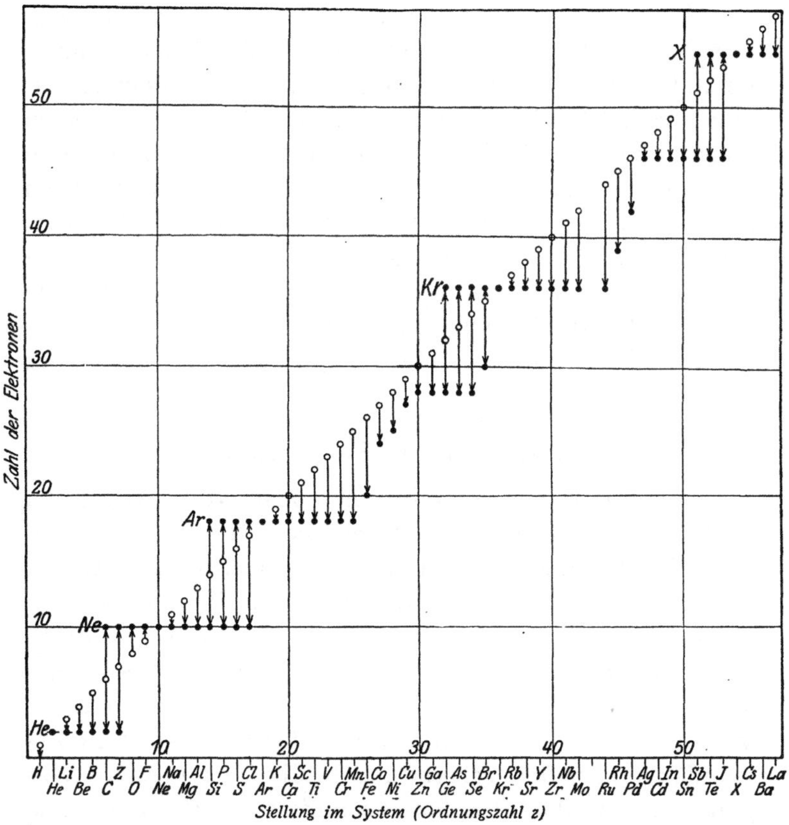

Abb. 20. Schema der Elektrovalenz nach *Kossel.*

Valenzverhalten höchst anschaulich. Die Abb. 20 verdeutlicht die maximale Zahl positiver und negativer Elektronen, die ein Atom aufnehmen kann; so ist z. B. die Elektronenzahl des neutralen Na-Atoms gleich 11 (leerer

Kreis auf der Diagonale des Bildes), es kann ein Elektron verlieren und rückt dann auf die durch das Edelgas Ne gehende Horizontale $z = 10$ (voller Kreis).

Man darf sich übrigens nach neuen Untersuchungen von *N. Bohr*[21]) die „Schalen“ nicht als räumlich getrennte, einander umschließende Gebilde vorstellen; vielmehr ist eine „Schale“ eine Gruppe von Elektronen, die einen engeren Verband bilden, der im Mittel einen bestimmten Abstand vom Kern hat, während jedes einzelne Elektron sich diesem zeitweilig stark annähern oder sich auch weit von ihm entfernen kann. Doch ist ein Eingehen auf die Einzelheiten der Bohrschen Atomtheorie, deren einfachste Fälle, H und He, wir unten ausführlicher besprechen werden, für die hier erörterten qualitativen Verhältnisse nicht notwendig.

12. Chemische Folgerungen.

Kossel hat auf Grund seiner Idee vom Wesen der Elektrovalenz zahlreiche chemische Tatsachen, besonders die Komplexverbindungen, in höchst einheitlicher Weise gedeutet. Das, was den Physiker dabei anzieht, ist, daß er mit den gewöhnlichen elektrostatischen Kräften auskommt, ohne Heranziehung besonderer Valenzen, die wie Seile oder Ketten von Atom zu Atom verlaufen. Verdeutlichen wir uns das z. B. an dem Zustandekommen der Verbindung NaCl. Der primäre Vorgang ist der, daß das lockere äußere Elektron des Na-Atoms diesem verloren geht und von der äußeren 7-Schale des Cl-Atoms aufgenommen wird. Dadurch entstehen ein Na^+-Ion und ein Cl^--Ion, beide mit einer stabilen äußeren Schale von 8 Elektronen. Diese ziehen sich nun auf Grund ihrer Ladungen an und legen sich zur NaCl-Molekel aneinander.

Diese Vorstellung haben *A. Landé* und ich[22]) weiter verfolgt, indem wir die Gitterstruktur des NaCl-Kristalls heranzogen. Es gelingt dabei, die bei der Bildung einer Gramm-Molekel NaCl aus den Ionen frei werdende Wärme aus rein physikalischen Größen, wie Dichte und Kompressibilität, zu berechnen, und aus dem Werte dieser Bildungswärme lassen sich zahlreiche, zum Teil experimentell gut bestätigte Folgerungen ziehen. Doch möchte ich auf diese noch im Werden befindlichen Untersuchungen hier nicht eingehen*).

13. Die sichtbaren Spektren.

Die Kosselsche Vorstellung hat auch wichtige Konsequenzen auf anderen Gebieten, vor allem in der Optik. Man wird annehmen müssen, daß das sichtbare Spektrum im wesentlichen von der äußersten Elektronenschale herrührt. Daraus folgt aber z. B., daß das Spektrum des einwertigen Ions einer alkalischen Erde (3. Vertikalreihe des Systems der Elemente) qualitativ übereinstimmen muß mit dem Spektrum des entsprechenden neutralen Alkaliatoms[23]); denn beide haben dieselben inneren Schalen und ein äußeres Elektron, sie unterscheiden sich nur durch eine Einheit der Kernladung. Diese wunderbare Gesetzmäßigkeit scheint sich durchweg zu bestätigen. So muß z. B. auch das Spektrum des He^+-Ions mit dem des H-Atoms qualitativ identisch sein, und das führt uns nun zur genaueren Betrachtung des H-Atoms.

14. Die Quantentheorie der Atome.

Beim H-Atom besitzen wir nämlich eine eingehende Theorie und ein genaues Bild seines Aussehens, dank

*) Näheres über diese Untersuchungen enthalten die beiden folgenden Aufsätze dieses Buches.

der genialen Idee von *Niels Bohr*[24]), der die Rutherfordsche Atomkerntheorie mit der Planckschen Quantentheorie[25]) verband. Die Abb. 21 zeigt solche Bohrsche Atome. Es sind gewissermaßen kleine Sonnensysteme; der Kern ist die Sonne, die Elektronen die Planeten. Im Gegensatze zur Astronomie ist aber die Sonne nicht ungeheuer groß gegen die Planeten, sondern umgekehrt win-

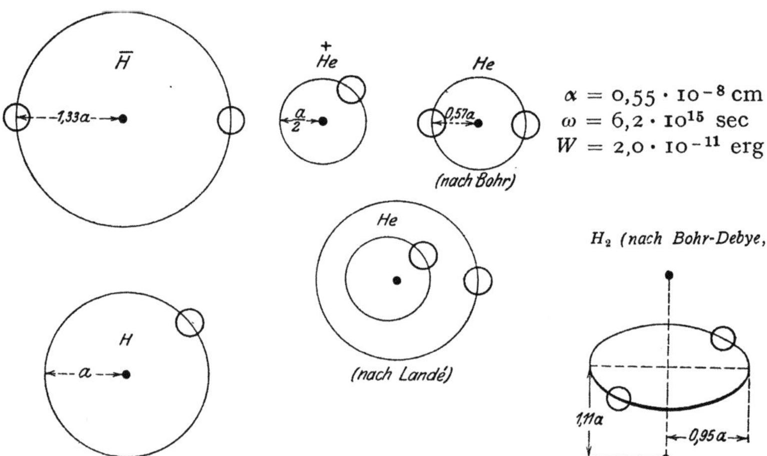

Abb. 21. Atom- und Molekel-Modelle.

zig klein; wohl aber ist hier wie dort die Masse des Zentralkörpers überwiegend groß. Die Anziehungskraft ist nicht die Gravitation, sondern die elektrische Attraktion, aber die Bewegungsgesetze sind genau dieselben, weil ja das Newtonsche Gesetz der Schwere mit dem Coulombschen der elektrischen Kräfte gleichlautet. Daher gelten auch im Falle eines Elektrons, wie beim H-Atom oder beim He+-Ion, die Keplerschen Gesetze, aber ein fundamentales Gesetz kommt hinzu: die Quantenregel, die aus *Plancks* Theorie der Wärmestrahlung entstanden ist. Diese vier Gesetze lauten also:

1. *Das Elektron bewegt sich auf einer Ellipse, in deren einem Brennpunkt der Kern steht.*
2. *Die Quadrate der Umlaufszeiten verhalten sich wie die Kuben der großen Achsen.*
3. *Die vom Radius Vektor überstrichenen Flächen verhalten sich wie die verflossenen Zeiten;*

dazu das Quantengesetz:

4. *Das Verhältnis der bei einem Umlaufe überstrichenen Fläche zu der dazu gebrauchten Zeit ist ein ganzzahliges Vielfaches einer bestimmten Größe* $\frac{h}{4\pi m}$, *wo* m *die (bekannte) Masse des Elektrons und*

$$h = 6{,}54 \cdot 10^{-27} \text{ erg sec}$$

die Plancksche Konstante ist.

Hier ist nicht der Ort, auf die Entdeckung und die Bedeutung dieser Konstanten näher einzugehen; es mag genügen, daß sie die von einem schwarzen Körper ausgestrahlte Energiemenge bestimmt. Nach den aufgezählten Bewegungsgesetzen gibt es nur eine diskrete Menge von Bahnen, eine innerste, deren Radius a, Umlaufsfrequenz ω und Energiebetrag W von der Figur abgelesen werden können, und immer weitere und weitere, die einander umschließen. Wenn nun das Elektron von einer Bahn in eine andere überspringt, so wird dabei entweder Energie verbraucht oder abgegeben; im ersteren Falle wird Licht absorbiert, im zweiten emittiert. Über das Gesetz dieser Emission und Absorption hat *Bohr* eine Hypothese aufgestellt, die der Planckschen Quantentheorie der Strahlung entlehnt ist. Bei jedem Sprunge von einer Bahn von größerer Engergie zu einer von kleinerer soll eine monochromatische (einfarbige) Strahlung emittiert werden, deren

Schwingungszahl mit h multipliziert gleich der Energiedifferenz W ist:

$$h\nu = W.$$

Auf diese Weise erhält man quantitativ exakt das Gesetz der Emission des H-Atoms, nämlich die bekannte Serie[26]), die Abb. 22 an zwei Sternaufnahmen[27]) zeigt. Hier sieht

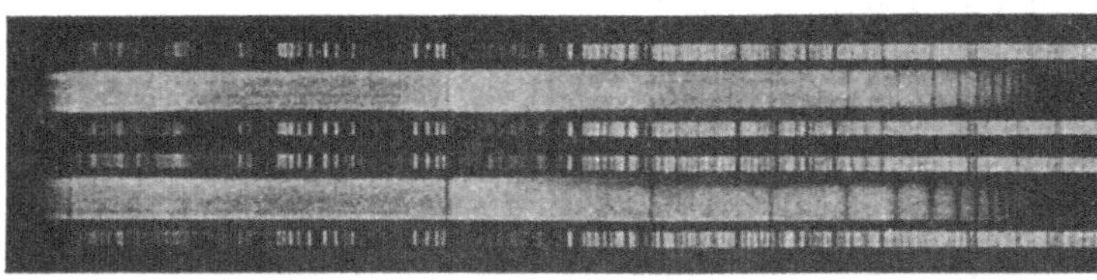

Abb. 22. Wasserstoff-Sternspektren (*Balmer*sche Serie).

man die Linien dieser Serie eingerahmt von je zwei Vergleichsspektren; man erkennt ohne weiteres die gesetzmäßige Aufeinanderfolge der Linien und ihre Häufung im Ultravioletten, die Seriengrenze. Die folgende Tabelle veranschaulicht die Genauigkeit, mit der die Wellenlängen dieser Serie durch die zuerst von *Balmer* empirisch ge-

Linie	m	Berechnet	Beobachtet	Differenz
Hα	3	6564,96	6564,97	0,0
Hβ	4	4862,93	4862,93	0,0
Hγ	5	4341,90	4342,00	+ 0,1
Hδ	6	4103,10	4103,11	0,0
Hε	7	3971,40	3971,40	0,0
Hζ	8	3890,30	3890,30	0,0
Hη	9	3836,70	3836,80	+ 0,1
Hϑ	10	3799,20	3799,20	0,0
Hι	11	3771,90	3771,90	0,0
Hκ	12	3751,40	3751,30	— 0,1
Hλ	13	3735,60	3735,30	— 0,3
Hμ	14	3723,20	3722,80	— 0,4
Hν	15	3713,20	3712,90	— 0,3

Vergleich der berechneten und beobachteten Wellenlängen der Balmerschen Serie.

fundene, jetzt von *Bohr* theoretisch begründete Formel dargestellt werden. Aber noch unzählige Feinheiten des H-Spektrums, wie die zarten Trabanten der Hauptlinien [28]), die Aufspaltung im elektrischen Felde [29]) usw. werden durch die Bohrsche Theorie quantitativ erklärt.

Ähnlich steht es mit dem He^+-Spektrum; die Hauptserie desselben hielt man früher für eine Nebenserie des Wasserstoffes wegen ihres analogen Aufbaus.

Auch über das neutrale He-Atom hat man sich bestimmte Vorstellungen gemacht; Abb. 21 zeigt ein früher von *Bohr* angegebenes Modell, wo beide Elektronen auf demselben Kreise symmetrisch umlaufen, und ein Modell von *Landé* [30]), wo sie verschiedene kreisähnliche Bahnen durchlaufen, deren innere von der äußeren exzentrisch zur Seite gedrängt wird. Letzteres Modell gibt das sichtbare Spektrum recht gut wieder, bereitet aber Schwierigkeiten bei der Erklärung der Ionisierungsenergie. Das ist die Arbeit, die nötig ist, um dem Atom ein Elektron ganz zu entreißen, also eine Größe, die für die Kosselsche Auffassung der chemischen Bindung fundamental ist. Sie ist gewissermaßen die Energiedifferenz der im Unendlichen liegenden Quantenbahn gegen die erste und hängt daher mit der ultravioletten Grenze des Spektrums durch das Quantengesetz zusammen:

$$J = h\nu ,$$

wo ν die Grenzfrequenz ist. Diese Abtrennungsenergie J haben *Franck* und *Hertz* [31]) direkt zu messen gelehrt, indem sie die Atome mit Elektronen bombardieren und beobachten, bei welcher Geschwindigkeit die Elektronen das Atom zertrümmern und dabei ihre Energie einbüßen. Die beiden oben angegebenen He-Modelle von *Bohr* und *Landé* liefern Werte von J, die mit den Messungsergebnissen nicht vereinbar sind; doch ist es neuerdings *Bohr* gelungen, die

Bahnen der beiden Elektronen des He-Atoms ohne vereinfachende Voraussetzungen streng zu berechnen und daraus alle Eigenschaften des Heliums einschließlich der Jonisierungsenergie J quantitativ genau abzuleiten.

Die durch das Gesetz $J = h\nu$ statuierte Beziehung zwischen optischen und elektrischen Größen ist aber sonst überall gut bestätigt worden. Abb. 23 zeigt das Spektrum

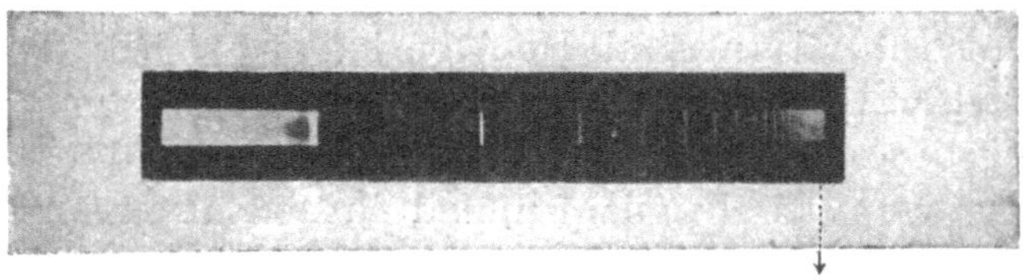

Abb. 23. Hauptserie des Natrium.

des Alkalimetalles Na, auf der man die Grenze der Serie, deren ν in dieses Gesetz eingeht, erkennen kann. Auch über die Molekelbildung hat man sich bestimmte Vorstellungen gemacht; so hat *Bohr* ein H_2-Modell[24]) vorgeschlagen, bei dem die beiden Elektronen auf einem äquatoriellen Ringe zwischen den beiden Kernen kreisen (Abb. 21). *Debye*[32]) hat gezeigt, daß dieses Modell einigermaßen den richtigen Verlauf des Brechungsindex vom H_2-Gas liefert, aber die daraus berechnete Dissoziationswärme $H_2 = 2\,H$ ergibt sich zu klein (60 kg-cal. gegen den gemessenen Wert von etwa 80 bis 100 kg-cal.). Auch müßte eine solche Molekel paramagnetisch sein. Daher hält man das Modell heute wohl nicht mehr für ganz richtig.

Auf ähnlichen Prinzipien beruht die Theorie der Röntgenspektren; die exakten Messungen im Laboratorium *Siegbahns*[33]) haben es *Sommerfeld*[34]) und seinen Schülern ermöglicht, den Nachweis zu führen, daß jede Linie eines Röntgenspektrums durch den Übergang des Atoms aus einem Zustande in einen andern entsteht, wobei die dabei frei werdende Energie W als Röntgenwelle der Frequenz ν nach der Quantenregel $W = h\nu$ ausgesandt wird. Die einzelnen Quantenzustände des Atoms konnten auf diese Weise aus dem empirischen Material energetisch festgelegt werden; doch ist es bisher noch nicht befriedigend gelungen, sie aus einem Atommodell exakt abzuleiten.

15. Der Aufbau der Kerne.

Zum Schlusse wollen wir noch einmal auf die Frage des Aufbaus der Kerne aus kleineren Einheiten eingehen. Schon 1815 hat der englische Arzt *Prout* die Hypothese aufgestellt, daß das H-Atom der Baustein sei, aus dem sie alle bestehen. Später ließ man diese Hypothese fallen, als es sich herausstellte, daß die Atomgewichte nicht genau ganzzahlig sind. Doch kennt man heute zwei Gründe hierfür, nämlich einmal die Tatsache der Isotopen, sodann den schon oben benutzten Satz der Relativitätstheorie, daß Energie Masse erzeugt. Die Isotopen hat man unter den radioaktiven Elementen kennen gelernt; es sind Elemente von genau gleicher Kernladungszahl, aber etwas verschiedenem Atomgewichte. Chemisch verhalten sie sich völlig gleich und bilden Gemische, die den Eindruck von einheitlichen Elementen machen; ein solches Gemisch wird auch dann, wenn die Atomgewichte der Bestandteile ganze Zahlen sind, ein nicht ganzzahliges scheinbares Atomgewicht zeigen, nämlich einen Mittelwert der Bestandteile. Wenn mehrere Kerne (etwa He-Kerne) zu einem größeren Kerne zusammentreten, so wird dabei Energie umgesetzt, der, wie wir wissen, Masse zukommt; die Gesamtmasse des Kerns ist dann nicht einfach die Summe der Teile, sondern größer oder kleiner, also nicht ganzzahlig. Diese neuen Erkenntnisse ermöglichen es heute, zur Proutschen Hypothese zurückzukehren mit der Modifikation, daß die Atomkerne aus dem Wasserstoffkern aufgebaut sein sollen. *F. W. Aston*[35]) ist es gelungen, den experimentellen Beweis zu erbringen, daß zahlreiche Elemente (z. B. Chlor, Neon,

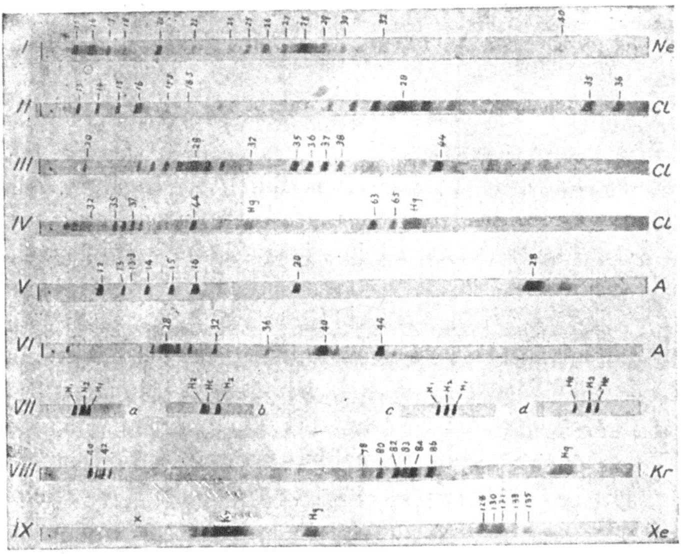

Abb. 24. Massenspektrogramme von Neon, Chlor, Argon, Krypton, Xenon. Sie stellen die Werte von m/e dar, bezogen auf Sauerstoff (m = 16).

Quecksilber u. a.), deren Atomgewicht stark von der Ganzzahligkeit abweicht, tatsächlich Isotopengemische sind und daß die einzelnen reinen Isotopen ganzzahlige Atomgewichte haben; er verwandte dabei die früher (4) erwähnte Kanalstrahlenmethode von *J. J. Thomson,* die er außerordentlich verfeinerte. Für jedes Atom von bestimmter Ladung und Masse bekommt er einen besonderen Kanalstrahl, der sich auf der photographischen Platte als einzelner Fleck markiert; die Abbildung 24 zeigt ein solches „Massenspektrogramm" Astons, durch das die Richtigkeit der modifizierten Proutschen Hypothese augenfällig bewiesen wird. Neuerdings ist es nun überdies *Rutherford* gelungen, vom Stickstoffatom H-Atome abzuspalten[36]). Wenn man ein Gas mit α-Strahlen bombardiert, kommt es gelegentlich vor, daß ein Atom des Gases so zentral getroffen wird, daß es selbst eine große Geschwindigkeit erhält; handelt es sich besonders um Wasserstoffgas, so fliegen die H-Atome wegen ihrer viermal geringeren Masse mit viel größerer Geschwindigkeit weiter als die erzeugenden α-Strahlen (He-Kerne), haben also eine größere Reichweite, an der sie erkannt werden können (Abb. 25). Als nun *Rutherford* N_2-Gas in dieser Weise bombardierte, fand er solche sekundären Strahlen von großer Reichweite, die nichts als H-Atome sein können. Das α-Teilchen muß also das N-Atom zertrümmert und ein H-Atom abgespalten haben.

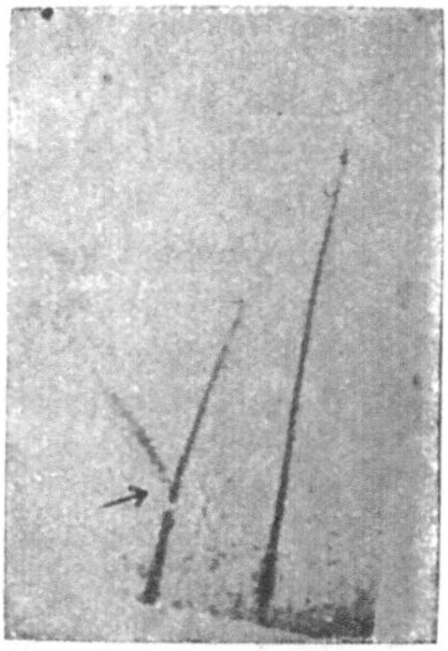

Abb. 25. Wasserstoffstrahlen, durch α-Strahlen erzeugt.

Diese fundamentale Entdeckung erweckt die Hoffnung, daß dermaleinst der Aufbau der gesamten Materie aus zwei polaren Bausteinen klar zutage treten wird. Dann wird die ganze Physik und Chemie eine Aufgabe der Zahlentheorie werden: Die Theorie der Atomnummer z.

Literatur*).

1) *W. Kaufmann*, Ann. d. Phys. **19**, S. 487, 1906. *A. H. Bucherer*, Ann. d. Phys. **31**, S. 513, 1909. *E. Hupka*, Ann. d. Phys. **28**, S. 169, 1910. *G. Neumann*, Ann. d. Phys. **45**, S. 529, 1914.

2) *E. Goldstein*, Wied. Ann. **64**, S. 38, 1898. Zusammenfassende Darstellung bei *W. Wien*, Handbuch der Radiologie Bd. **4** (Leipzig 1917).

3) *E. Rutherford* und *T. Royds*, Phil. Mag. **17**, S. 281, 1909. Allg. über radioaktive Strahlung bei *St. Meyer* und *E. v. Schweidler*, Radioaktivität (Leipzig 1916), und *E. Rutherford*, Radioaktive Substanzen und ihre Strahlungen, Handb. d. Radiologie Bd. **2** (Leipzig 1913).

4) *J. J. Thomson*, The Corpuscular Theory of matter, London 1907. *W. Wien*, Ann. d. Phys. **8**, S. 244, 1902.

5) *P. Drude*, Ann. d. Phys. **14**, S. 677, 936, 1904.

6) *P. Zeeman*, Phil. Mag. (5), **43**, S. 226; **44**, S. 255, 1897. *H. A. Lorentz*, Wied. Ann. **63**, S. 278, 1897.

7) *H. A. Wilson*, Phil. Mag. **5**, S. 429, 1903. *R. A. Millikan*, Phil. Mag. **19**, S. 209, 1910; **37**, S. 1, 1917; Phys. Z. **14**, S. 796, 1913; Ann. d. Phys. **50**, S. 729, 1916. *F. Ehrenhaft*, Wien. Ber. **69**, S. 815, 1910; Ann. d. Phys. (4) **56**, S. 1, 1918. *E. Regener*, Phys. Z. **12**, S. 135, 1911. *A. Schidlof* und *A. Targonski*, Phys. Z. **17**, S. 376, 1916. *E. Radel*, Z. f. Phys. **3**, S. 63, 1920. *R. Bär*, Ann. d. Phys. **57**, S. 161, 1918; Phys. Z. **21**, S. 615, 1921.

8) *A. Einstein*, Ann. d. Phys. **23**, S. 371, 1907.

9) *Lord Kelvin*, Phil. Mag. **8**, S. 528, 1904; **10**, S. 695, 1905. *J. J. Thomson*, siehe 4).

10) *E. Rutherford*, Phil. Mag. **11**, S. 166, 1906. *H. Geiger* und *E. Marsden*, Proc. of Roy. Soc. (A) **82**, S. 495, 1909. *C. G. Darwin*, Phil. Mag. **27**, S. 506, 1914. *E. Rutherford*, Phil. Mag. **27**, S. 494. 1914.

11) *C. T. R. Wilson*, Jahrb. d. Rad. u. Elektr. **10**, S. 34, 1913.

12) *J. J. Thomson*, siehe 4).

*) Während des Druckes dieses Aufsatzes erschien das wertvolle Buch von *A. Sommerfeld*, Atombau und Spektrallinien (Braunschweig 1919); es konnte leider nicht mehr benutzt werden.

13) *A. van den Broek*, Atomtheorie und Atomzerfall, Elster-Geitel-Festschrift, Braunschweig, Vieweg & Sohn, 1915, S. 428—434.

14) *W. Friedrich, P. Knipping* und *M. v. Laue*, München. Ber. 1912, S. 303. Zusammenfassender Bericht von *M. v. Laue*, Jahrb. d. Radioakt. u. Elektronik **11**, S. 308, 1914.

15) *W. H.* und *W. L. Bragg*, Proc. Roy. Soc. (A) **88**, S. 428, 1913. Zusammenfassender Bericht über die Kristallanalyse von *W. H. Bragg*, X-Rays and Crystal-Structure (London 1916).

16) *H. G. J. Moseley*, Phil Mag. (6) **26**, 1024, 1913; **27**, S. 703, 1914.

17) *P. Debye* und *P. Scherrer*, Phys. Z. **17**, S. 277, 1916; **18**, S. 291, 1917.

18) *M. Siegbahn*, Jahrb. d. Rad. u. Elektr. **13**, S. 296, 1916. Zusammenfassender Bericht über Röntgenspektroskopie von *E. Wagner*, Phys. Z. **18**, S. 495, 1917.

19) *A. Sommerfeld*, Ann. d. Phys. **51**, S. 1, 125, 1916.

20) *W. Kossel*, Ann. d. Phys. **49**, S. 229, 1916.

21) *N. Bohr*, Nature, 24. März 1921.

22) *M. Born* und *A. Landé*, Verh. d. D. Phys. Ges. **20**, S. 210, 1918; **21**, S. 13, 533, 1919. *K. Fajans*, Verh. d. D. Phys. Ges. **21**, S. 539, 549, 1919.

23) *W. Kossel* und *A. Sommerfeld*, Verh. d. D. Phys. Ges. **21**, S. 240, 1919.

24) *N. Bohr*, Phil. Mag. **26**, S. 1, 1913; **26**, S. 476, 1913. Abhandlungen über Atombau aus den Jahren 1913—1916 (deutsch von *H. Stintzing*), Braunschweig 1921. D. Kgl. Danske Vidensk. Selk. Skrifter, Naturvidensk. og mathem. Afd., 8. *Raekke*, IV, 1. Part I, II, 1918.

25) *M. Planck*, Vorlesungen über die Theorie der Wärmestrahlung, Leipzig 1913.

26) *J. J. Balmer*, Wied. Ann. **25**, S. 80, 1885.

27) *J. Hartmann*, Phys. Z. **18**, S. 429, 1917.

28) *A. Sommerfeld*, Münchn. Ber. S. 459, 1915; Ann. d. Phys. 50, S. 125, 1916.

29) *P. S. Epstein*, Ann. d. Phys. **50**, S. 489, 1916; **58**, S. 553, 1919.

30) *A. Landé* Phys. Z. **20**, S. 228, 1919. **21**, S. 114, 1920.

31) *J. Franck* und *G. Hertz*, Phys. Z. **17**, 409, 430, 1916; **20**, S. 132, 1919.

32) *P. Debye*, München. Ber. 1915, S. 1.

33) *M. Siegbahn*, Ann. d. Phys. **59**. S. 69, 1919. *E. Hjalmar*, Z. f. Phys. **1**, S. 439, 1920; **3**, S. 262, 1920; **4**, S. 178, 1920; **7**, S. 341, 1921. *D. Coster*, Z. f. Phys. **4**, S. 178, 1921; **5**, S. 139, 1921; **6**, S. 185, 1921; C. R. **173**, S. 77, 1921.

34) *A. Sommerfeld*, Z. f. Phys. **1**, S. 135, 1920; **5**, S. 1, 1921. *W. Kossel*, Z. f. Phys. **1**, S. 119, 1920. *A. Sommerfeld* und *G. Wentzel*, Z. f. Phys. **7**, S. 86, 1921. *G. Wentzel*, Z. f. Phys. **6**, S. 84, 1921.

Ferner sind folgende Forscher zu nennen:

G. Hertz, Z. f. Phys. **3**, S. 19, 1920; **21**, S. 630, 1920. *Duane* u. *Patterson*, Proc. Nat. Ac. Sc. Washington, Sept. 1920. *A. Smekal*, Z. f. Phys. **4**, S. 26, 1921; **5**, S. 91, 121, 1921.

35) *F. W. Aston*, Phil. Mag. **39**, S. 449, 611, 1920. Vgl. auch *R. Swinne*, Naturw. **8**, S. 727, 1920.

36) *E. Rutherford*, Phil. Mag. **37**, S. 537, 1919. *K. Fajans*, Naturw. **7**, S. 729, 1919. *W. Lenz*, Naturw. **8**, S. 181, 1920.

Vom mechanischen Äther zur elektrischen Materie.

Einleitung.

Es ist noch nicht lange her, da war die physikalische Literatur mit Abhandlungen erfüllt, die die *mechanischen Eigenschaften des Äthers* erörterten, und einige Überreste solcher Betrachtungen haben sich bis auf unsere Tage erhalten. Im ganzen aber hat sich die Physik neuen Anschauungen zugewandt, die man mit einem kurzen Schlagwort als die *Lehre von der elektrischen Natur der Materie* bezeichnen könnte.

Es handelt sich dabei um eine gründliche Umstellung der Gedankenwelt; was früher als das Einfache, Primäre galt (die Mechanik), wird heute zum Abgeleiteten, Sekundären, und umgekehrt wird das, was ehemals der Zurückführung auf elementare Gegebenheiten bedürftig schien (der Äther als Träger der elektromagnetischen Erscheinungen), zum Fundament des ganzen Gebäudes der Wissenschaft gemacht. Es lohnt der Mühe, diesen Wandel der Ideen zu überblicken und sich klarzumachen, ob er einen Fortschritt der Erkenntnis bedeutet.

1. Die elastische Lichttheorie.

Die „Physik des Äthers“ nahm ihren Ausgang am Anfange des 19. Jahrhunderts mit der Optik. In dieser

Zeit hatte die Mechanik jene Vollkommenheit erreicht, die sie zur Königin der Wissenschaften machte. Neben der Mechanik der Massenpunkte, die ihre Triumphe in der Astronomie feierte, war die Mechanik der kontinuierlich verbreiteten Medien, die elastische Theorie der Gase, Flüssigkeiten und festen Körper, entwickelt worden. So konnte es nicht ausbleiben, daß die mechanischen Gesetze auch auf die optischen Vorgänge angewandt wurden. Die Lichtwellen wurden mit den elastischen Wellen in materiellen Körpern verglichen; es entstand die erste elastische Theorie des Äthers.

In elastischen Körpern gibt es aber zwei Arten von Wellen, solche, bei denen die Teilchen in der Richtung der Wellenfortschreitung hin- und herschwingen (longitudinale Wellen), und solche, bei denen die Teilchen quer zur Fortpflanzungsrichtung pendeln (transversale Wellen). Es ließ sich nun nachweisen, daß die Lichtwellen streng transversal sind; bis zum heutigen Tage hat man keine Andeutung optischer Longitudinalwellen gefunden. Da nun longitudinale Schwingungen offenbar mit Dichteänderungen verknüpft sind, so mußte man aus dem Fehlen der longitudinalen Lichtwellen schließen, daß der Äther sich nicht (wie ein Gas) zusammendrücken läßt; andererseits aber muß er äußerst elastisch sein, da er (wie ein fester Körper) transversale Wellen sehr gut fortpflanzt.

Man kam also zu dem Schluß: Der Äther ist ein inkompressibler, vollkommen elastischer, fester Körper. Und trotzdem bewegen sich durch den Äther die Himmelskörper mit ungeheuren Geschwindigkeiten völlig reibungs- und störungsfrei.

Neben dieser Denkschwierigkeit traten bei der Durchführung der elastischen Lichttheorie noch andere Mängel zutage, so daß es keines allzu starken Stoßes bedurfte, um diese Lehre zu stürzen.

2. Die elektromagnetische Lichttheorie.

Dieser Stoß kam durch die elektromagnetische Lichttheorie von *Maxwell.* Danach wird der Äther nicht mehr als elastischer Körper vorgestellt, aber er behält doch die Natur eines kontinuierlich verbreiteten Mediums mit bestimmten Eigenschaften, die als elektrisches und magnetisches Feld in die Erscheinung treten. Schnelle Schwingungen der Felder sind Lichtwellen, ihre Geschwindigkeit läßt sich durch rein elektromagnetische Messungen ermitteln.

Diese Theorie erfordert eine beträchtliche Abstraktion. Was ist eigentlich dieser Äther, der zwar ein kontinuierliches Medium, aber von den bekannten Körpern, seien sie gasförmig, flüssig oder fest, verschieden sein soll? Das Bedürfnis nach Vorstellbarkeit, Bildhaftigkeit der Theorien fordert Zurückführung auf Bekanntes, und schon *Maxwell* ist diesem Bedürfnis durch Angabe mechanischer Modelle für gewisse Eigenschaften des Äthers entgegengekommen. Später ist die Frage der Zurückführung des Maxwellschen Äthers auf mechanische Grundlagen eine ganze Wissenschaft geworden. Besonders große Erfolge hat *Bjerknes* erzielt, der den Äther als Flüssigkeit und die elektrischen Ladungen als pulsierende Kugeln darin auffaßte, eine Lehre, die von *Korn* weiter ausgebaut wurde und noch heute vertreten wird.

Neue Entdeckungen sind auf diesen Wegen nicht gemacht worden. Gleichwohl wäre das Interesse daran vielleicht erhalten geblieben, hätte nicht die Relativitätstheorie die Vorstellung eines materiellen Äthers überhaupt unmöglich gemacht. Allerdings erfordert sie eine noch höhere Abstraktion, einen stärkeren Verzicht auf die gewöhnliche Anschaulichkeit, und darum blickt mancher Physiker wehmütig zurück auf die gute alte Zeit des soliden Äthers.

3. Die Atomistik.

Die Erkenntnis schreitet nach der Tiefe durch Abstraktionen fort, in die Breite aber durch die lebendige Anschauung, und wenn die Theorie nichts anderes zuwege gebracht hätte, als die prinzipielle Undurchführbarkeit aller mechanischen Bilder des Äthers und seiner Eigenschaften zu erweisen, so hätte sie der Forschung einen schlechten Dienst geleistet. Aber ein Rückblick auf die Physik in den letzten Jahren zeigt deutlich, daß die Experimentierkunst in enger Fühlung mit der Theorie ihre größten Erfolge erzielt hat; also muß diese wohl der Anschauung, der Intuition neue, lebendige Bilder liefern, die fruchtbarer wirken als die Mechanisierung des Äthers. Das „elektromagnetische Weltbild" der heutigen Physik mag in den Grundlagen abstrakt genannt werden; in seinem Ausbau ist es reich an Farben und Formen.

Die Quelle dieses Reichtums beruht auf der Vereinigung der abstrakten Maxwellschen Äthervorstellung (bzw. ihrer relativistischen Vertiefung) mit der Atomistik.

Nicht nur die Materie wird heute atomistisch aufgefaßt, die Elektrizität selber wird in Atome, Elektronen genannt, aufgelöst. Atome und Elektronen aber sind anschaulich leicht zu fassen; auch wer dem Formelwust der Maxwellschen Elektrizitätstheorie mißtrauisch gegenübersteht, kann mit den Bewegungen und wechselseitigen Wirkungen der Elektronen und Atome erfolgreich operieren. Der Höhepunkt dieser Entwicklung ist der Versuch, die Atome selbst aus Elektronen aufzubauen; hierbei spielt die Quantenhypothese *Plancks* eine bedeutende Rolle*). Doch soll auf diese wichtigen Untersuchungen hier nicht eingegangen werden.

Dagegen wollen wir über einige Fortschritte berichten, die den oben geschilderten Weg vom mechanischen zum elektrischen Weltbilde der Physik besonders grell beleuchten.

4. Die Gittertheorie der Kristalle.

Sie betreffen die Konstitution der festen Körper und die Natur der Kräfte, die sie zusammenhalten. Die festen Körper sind entweder amorph (glasig) oder kristallinisch. Doch pflegt man heute nur die Kristalle (bzw. Gemenge von Kristallen, wie die meisten Metalle) im eigentlichen Sinne als fest anzusprechen, während die amorphen Substanzen in vieler Hinsicht als besonders zähe Flüssigkeiten zu gelten haben.

Das Wesen der Kristalle ist ihr regelmäßiger Aufbau aus den Atomen und Molekeln. Dieser kann, wie *v. Laue* entdeckt hat, mit Hilfe von Röntgenstrahlen direkt auf der photographischen Platte sichtbar gemacht werden**). Abb. 1 gibt eine solche Aufnahme eines Steinsalzkristalls (NaCl) wieder. Wir kennen heute die Feinstruktur oder das „Gitter" einer großen Anzahl von Kristallen; so ist

*) Ausführliche Darstellungen der Quantentheorie und ihrer Anwendungen auf die Atomstruktur findet man in dem Planck-Hefte der „Naturw." (6. Jahrg., Heft 17, 1918). Siehe auch den voranstehenden Aufsatz.

**) Darstellungen dieser Entdeckung und ihrer Ausarbeitung sind in der Zeitschrift „Die Naturwissenschaften" mehrere erschienen: *H. Löwy*, 1. Jahrg., S. 105, 1913. *A. Sommerfeld*, 4. Jahrg., S. 1, S. 13, 1916. *F. Rinne*, 5. Jahrg., S. 48, 1917. *M. Siegbahn*, 5. Jahrg., S. 512, 528, 1917; außerdem zahlreiche kleinere Mitteilungen.

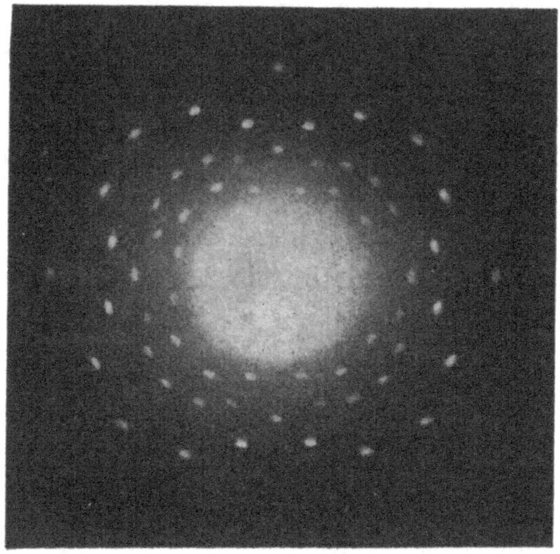

Abb. 1. Laue-Aufnahme des Steinsalzes (Nabl).

z. B. das Steinsalz aus Natrium- und Chloratomen nach Art eines „dreidimensionalen Schachbretts" aufgebaut, wie die Abb. 2 zeigt. Die Kristalle sind also in Wirklichkeit gar keine kontinuierlichen Medien. Es ist vielmehr eine Aufgabe, deren Lösung viel Mühe und Scharfsinn gekostet hat, nachzuweisen, daß solche Raumgitter bei grober Betrachtung sich mechanisch wie die kontinuierlichen Festkörper der alten Elastizitätstheorie verhalten. Der Ausgangspunkt der mechanischen Äthertheorien ist damit eigentlich von Grund aus zerstört; denn diese gehen von

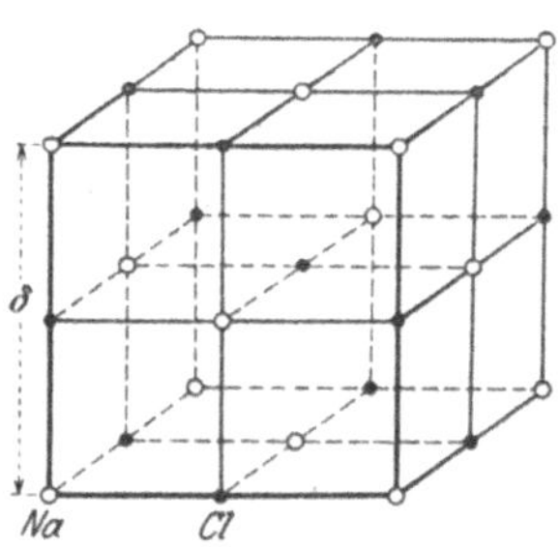

Abb. 2. Gitter des Steinsalzes.

dem kontinuierlichen Festkörper als einer durch ursprüngliche Erfahrung oder Anschauung gegebenen Grundlage aus und fordern die Zurückführung aller anderen Phänomene auf die Eigenschaften solcher Medien. Nun ist aber doch die kontinuierliche, elastische Substanz einfach eine Täuschung, hervorgerufen durch die Grobheit unserer Sinne. Die scheinbaren Kontinua sind in Wirklichkeit diskontinuierliche Gitter, zwischen ihren Atomen sind Lücken. Denkt man diese durch Äther gefüllt, welchen Sinn hat es dann noch, ihm Eigenschaften zuzuschreiben, die dem Verhalten der Gitter im groben, als scheinbare Kontinua, entsprechen? Dies hieße offenbar, sich im Kreise drehen.

Die heutige Physik nimmt darum einen anderen Standpunkt ein, der nicht nur konsequenter ist, sondern auch zu greifbaren Resultaten geführt hat. Das elektromagnetische Feld im Äther wird als empirisch gegeben hingenommen. Der feste Körper, der Kristall, ist eine regelmäßige Anordnung elektrischer Ladungen, die nach den Feldgesetzen aufeinander wirken. Hieraus entspringen jene groben Eigenschaften, die das Kristallgitter mit dem elastischen Kontinuum der alten Mechanik gemein hat.

5. Die elektrische Natur der Molekularkräfte.

Diese Auffassung führt nun zu dem Schluß: *Die mechanischen, elastischen Kräfte der festen Körper sind in Wahrheit elektrische Kräfte.* Wenn wir die Ladungen und Abstände der Atome in den Kristallgittern kennen, sind aber alle elektrischen Wechselwirkungen grundsätzlich bekannt; es muß also möglich sein, die elastischen Eigenschaften quantitativ vorauszuberechnen.

An dieser Stelle gelangt man über die Streitfragen der theoretischen Auffassung hinaus zu Problemen, deren

Lösung die Überlegenheit des neuen Standpunkts durch zahlenmäßige Rechnung erweisen würde*). Der Weg zu dieser Lösung war ziemlich weit. Erst mußten die Zusammenhänge aller möglichen mechanischen, thermischen, elektrischen, optischen Eigenschaften der Kristalle auf Grund der Gittertheorie geklärt und formal auf die Kräfte zwischen den einzelnen Partikeln des Kristallgitters zurückgeführt werden[1]). Wir wollen die wichtigsten Ergebnisse dieser Untersuchungen an dem Beispiel des oben erwähnten Steinsalzkristalls erläutern.

6. Atomgitter.

Wie wir schon sahen, ist das Gitter dieses Kristalls nicht aus NaCl-Molekeln, sondern aus einzelnen Na-Atomen und Cl-Atomen aufgebaut (Abb. 2); dies wird nicht nur durch die Röntgenaufnahmen nach *v. Laue* bewiesen, sondern auch durch das thermische Verhalten des Kristalles. Die Wärme der Körper besteht in Bewegungen ihrer kleinsten Teile; bei den Kristallen sind es Schwingungen um Gleichgewichtslagen. Nach einem fundamentalen Satz der statistischen Mechanik verteilt sich bei höheren Temperaturen die Energie dieser Schwingungen auf die einzelnen Partikel so, daß im Mittel über längere Zeit jede Partikel *dieselbe* Energie bekommt, deren Betrag aus der kinetischen Gastheorie wohl bekannt ist, gleichgültig, wie die Partikel beschaffen ist. Mit Hilfe

*) In der kinetischen Gastheorie verhielt es sich ähnlich. Auch hier bestand der Gegensatz zwischen Kontinuums- und Atomtheorie, die so lange gleichwertig blieben, als die letztere nur die formalen Zusammenhänge darstellen konnte; erst als es der atomistischen Auffassung gelang, Koeffizienten der Formeln zahlenmäßig zu bestimmen (wie das Verhältnis der spezifischen Wärmen, das Verhältnis der Koeffizienten von Wärmeleitung und innerer Reibung usw.), war ihr Sieg gesichert.

von thermischen Messungen läßt sich somit feststellen, wieviele Partikel, jede mit diesem Energiebetrage versehen, in der Masseneinheit vorhanden sein müssen, damit der beobachtete Wärme-Inhalt herauskommt. Man findet so, daß die Partikel nicht die NaCl-Molekel sein können; denn dann hätte die Masseneinheit nur halb so viele Partikel, als im Falle selbständiger Atome, also auch nur die Hälfte des beobachteten Wärme-Inhalts.

7. Elektrolytische Ionen.

Löst man ein Stück Steinsalz in Wasser auf, so wird die Lösung ein Leiter des elektrischen Stroms, ein sog. Elektrolyt. Ein solcher unterscheidet sich von einem metallischen Leiter dadurch, daß der Stromdurchgang mit Transport der gelösten Materie verknüpft ist; das zeigt sich daran, daß sich an den Eintritts- und Austrittsstellen des Stroms (den Elektroden) Natrium bzw. Chlor abscheidet. *Faraday* hat das Gesetz dieses Vorgangs entdeckt; er fand, daß beim Durchgang einer bestimmten Elektrizitätsmenge immer die gleichen Mengen der beiden Stoffe abgeschieden werden, und zwar solche Mengen, die sich chemisch gerade zu der Verbindung NaCl absättigen („äquivalent" sind). Man deutet das atomistisch durch die Annahme, daß jedes Atom die gleiche Elektrizitätsmenge transportiert; das Na-Atom trägt ein positives, das Cl-Atom ein negatives Elektrizitätsatom. Man nennt solche geladene Atome „Ionen". Dieses Elektrizitätsatom hat man bei vielen anderen Erscheinungen wieder gefunden, allerdings immer nur das negative; man hat es „Elektron" genannt. Die positive Ladung ist immer an die Materie gebunden. Das neutrale Atom besteht aus einem positiven Kern, der von einer Anzahl von Elektronen umgeben ist. Das Cl-Ion ist gewissermaßen die chemische

Verbindung eines neutralen Cl-Atoms mit einem Elektron. Das positive Na-Ion muß man sich dadurch entstanden denken, daß dem Bestande des neutralen Na-Atoms ein Elektron entrissen ist. Die Größe der Ladung des einzelnen Elektrons ist eine bestimmte Naturkonstante, die man auf mannigfaltige Weise bestimmen kann; sie beträgt $e = 4{,}77 \cdot 10^{-10}$ elektrostatische Einheiten.

8. Ionengitter.

Wenn man eine solche NaCl-Lösung eindampft, so daß das Steinsalz auskristallisiert, so besteht der Vorgang darin, daß sich die einzelnen Na- und Cl-Atome zu dem oben besprochenen Gitter zusammensetzen. Was wird dabei aus der Ladung der Atome? Tauschen sie diese aus oder behalten sie auch im festen Zustande ihren Ionencharakter?

Die Antwort auf diese Frage hat *Madelung*[2]) gegeben durch die Deutung einer optischen Eigenschaft der Kristalle wie NaCl. Denken wir uns etwa ein Stück Steinsalz zwischen zwei parallele, geladene Metallplatten gebracht; dann ist das in Abb. 2 dargestellte Gitter einem elektrischen Felde ausgesetzt (Abb. 3). Da nun die Na-Atome positiv, die Cl-Atome negativ geladen sind, werden die ersteren in der Richtung des Feldes, die letzteren in entgegengesetzter Richtung eine Kraft erfahren; diese wird wegen der Festigkeit des Kristallgefüges im allgemeinen nur äußerst kleine Verschiebungen der Na- gegen die Cl-Ionen hervorrufen. Man erinnere sich nun an die bekannte Er-

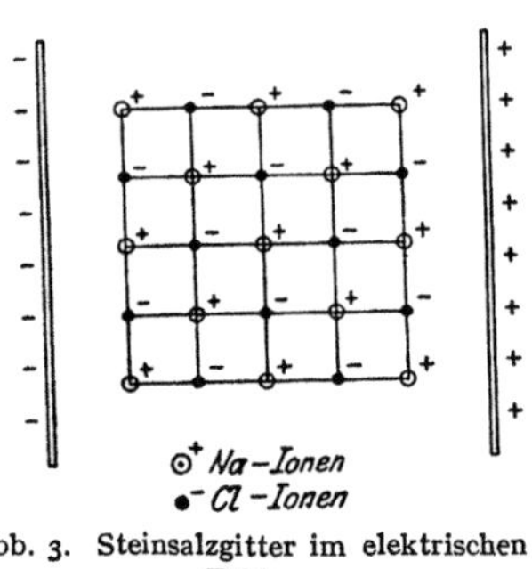

Abb. 3. Steinsalzgitter im elektrischen Felde.

scheinung der Resonanz; wenn man eine Schaukel im Rhythmus ihrer eigenen freien Schwingungen anstößt, kann man sie mit äußerst geringer Anstrengung zu großen Ausschlägen bringen. Ebenso wird ein periodisch wechselndes elektrisches Feld, wenn sein Rhythmus geeignet gewählt wird, das Kristallgefüge äußerst heftig erschüttern können. Die Lichtwellen sind solche periodischen elektrischen Felder; man wird also erwarten dürfen, daß Licht von geeigneter Schwingungszahl den Kristall merklich beeinflußt und natürlich umgekehrt von ihm beeinflußt wird. *Rubens*[3]) hat diese Wirkung tatsächlich entdeckt; er fand, daß sehr langwelliges (nicht mehr sichtbares) Licht von bestimmter Schwingungsdauer von dem Kristall äußerst stark reflektiert wird, während Licht von ein wenig anderer Schwingungsdauer unbeeinflußt hindurchgeht. Durch mehrfache Reflexionen konnte er dieses selektiv reflektierte Licht sauber isolieren und nannte es deswegen „Reststrahlen".

Die Reststrahlen beweisen die Ladung der Ionen; daß diese bei Kristallen vom Typus NaCl genau ein Elektron beträgt, hat man dadurch zeigen können, daß die Schwingungsdauer sich aus der Elektronenladung, den Massen der Ionen und den meßbaren elastischen Kräften des Kristalls richtig berechnen läßt[4]).

Neuerdings ist die Ionenladung von *Debye* und *Scherrer*[5]) aber auch direkt durch Röntgenaufnahmen nachgewiesen worden. Die Röntgenwellen erschüttern die Elektronen des Atoms und erzeugen dadurch sekundäre Wellen, die von den Atomen ausgehen; diese liefern durch ihre Interferenz die von *Laue* entdeckten Erscheinungen (Abb. 1). Die Stärke der Interferenzflecke wird somit von der Anzahl der in den Atomen vorhandenen Elektronen abhängen; umgekehrt kann man durch Ausmessen der Stärke der Interferenzflecke einen Rückschluß auf die Anzahl der Elektronen der Atome ziehen. Auf diese Weise wurde für den Kristall Lithiumfluorid gefunden, daß das Li-Atom ein Elektron zu wenig, das F-Atom eines zu viel hat gegenüber dem neutralen Zustande. Das Entsprechende gilt unzweifelhaft für alle Salze der Alkalimetalle (Li, Na, K, Rb, Cs) mit den Halogenen (F, Cl, Br, J).

9. Elektrische Kontraktionskraft.

Damit haben wir die Tatsachen gesammelt, die über die Konstitution der Kristalle bekannt sein müssen, ehe an eine absolute Berechnung ihrer mechanischen Eigenschaften aus den elektrischen Daten gegangen werden kann[6]).

Stellen wir uns nun den Steinsalzkristall mit seinen abwechselnd geladenen Na- und Cl-Atomen vor (Abb. 2), so sehen wir sofort, daß aus den Ladungen notwendig ein Kontraktionsbestreben des Gitters folgt; denn benachbarte entgegengesetzt geladene Teilchen ziehen sich an, gleiche Teilchen stoßen sich zwar ab, aber wesentlich schwächer, weil sie weiter voneinander abstehen und die elektrische Kraft nach dem bekannten Gesetz von *Coulomb* umgekehrt wie das Quadrat der Entfernung abnimmt.

Die strenge Berechnung dieses Kontraktionsbestrebens ist neuerdings *Madelung*[7]) gelungen. Er hat folgendes gezeigt: Man denke sich zunächst alle Ionen in unendlicher Entfernung voneinander und baue sie dann unendlich langsam zu dem Kristallgitter zusammen; wegen des Kontraktionsbestrebens leisten sie dabei eine gewisse Arbeit, die von der absoluten Dimension des Gitters abhängt. Ist δ der Abstand zweier längs einer Würfelkante benachbarter *gleicher* Ionen eines Kristalls vom Typus NaCl, so findet man für diese Arbeit 13,94 e^2/δ, wo e die oben genannte Ladung des Elektrons ist.

10. Die Abstoßungskraft.

Warum bleiben nun aber die Ionen in diesem bestimmten, durch δ gemessenen Abstande stehen? Warum stürzen sie nicht ganz zusammen? Das läßt sich offenbar nur durch eine Abstoßungskraft erklären, die bei großer Annäherung wirksam wird und dem Kontraktionsbestreben das Gleichgewicht hält. Überlegungen sehr allgemeiner Art führen darauf, für die Arbeit, die diese Kraft bei dem soeben geschilderten Prozeß der Entstehung des Kristalls aus isolierten Ionen leistet, einen Ausdruck der Form b/δ^n anzusetzen, wo n eine ganze Zahl und b eine Konstante ist; wie nämlich das strenge Kraftgesetz auch beschaffen sein mag, wenn es auf dem Zusammenwirken der elektrischen Ladungen des Atominnern beruht, muß es sich doch mit großer Näherung durch eine solche Formel darstellen lassen.

Die Konstante b aber läßt sich durch den Ionenabstand ausdrücken. Um das einzusehen, betrachte man als Modell für das Gleichgewicht einer kontrahierenden und einer dilatierenden Kraft (Abb. 4) einen Bogen, jene Waffe primitiver Völker. Das Holz strebt sich gerade zu strecken, die Sehne zieht die Enden zusammen. Würde man die Kraft der elastischen Biegung des Holzes und der elastischen Dehnung der Sehne kennen, so würde sich daraus die tatsächliche Gleichgewichtsfigur des Bogens und die Länge der Sehne (die etwa dem Ionenabstand δ analog ist) be-

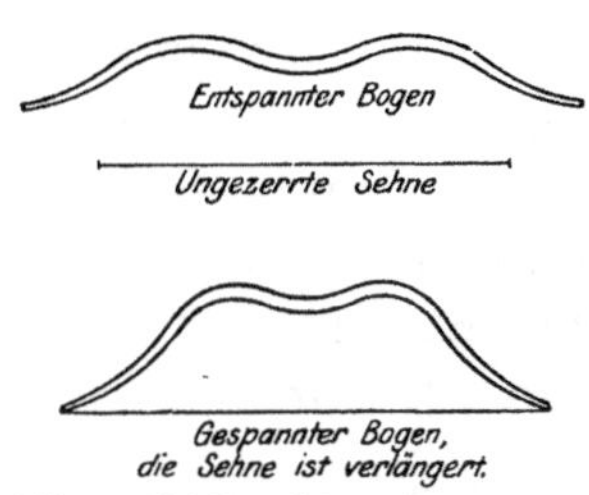

Abb. 4. Gleichgewicht zwischen Sehne und Bogen.

rechnen lassen. Denkt man sich nun nur die Kontraktionskraft der Sehne, aber nicht die Dilatationskraft des Holzbogens bekannt, aber außerdem die Sehnenlänge bestimmt, so kann man umgekehrt die Kraft des Holzbogens aus den beiden gegebenen Größen berechnen. Das entspricht nun genau unserem Falle: die Kontraktionskraft ist bekannt, der Ionenabstand δ läßt sich aus der Dichte und den Atomgewichten einfach berechnen, folglich liefert die Gleichgewichtsbedingung eine Beziehung zur Berechnung der Abstoßung b/δ^n. Unbekannt bleibt dann nur noch der Exponent n.

11. Die Berechnung der Kompressibilität.

Bis auf diesen ist also die bei Entstehung des Kristalls aus seinen Ionen geleistete Arbeit vollständig bekannt, und damit sind nach allgemeinen Gesetzen der Dynamik alle von dem Ionenabstand δ abhängigen Eigenschaften des Kristalls mitbestimmt. Setzt man den Kristall einem gleichförmigen, allseitigen Drucke aus, so wird er komprimiert; diese Volumenänderung*) hängt offenbar nur von der Änderung des Ionenabstands δ ab, muß sich also aus unseren Prinzipien ableiten lassen. Das Verhältnis der relativen Volumenänderung zu der dazu nötigen Druckzunahme heißt Kompressibilität und wird mit $\varkappa$ bezeichnet. Es muß also möglich sein, bei geeigneter Wahl des ganzzahligen Exponenten n dieses $\varkappa$ allein aus der Ladung des Elektrons e und dem Ionenabstand δ (der wieder durch Dichte und Atomgewichte gegeben ist) zu berechnen.

*) Bei dem Beispiel unseres Bogens entspricht diese Volumenänderung etwa der Annäherung der Sehnenenden, wenn der Bogen (zum Schusse) gespannt wird. Bei gegebener Spannkraft ist diese Annäherung offenbar durch die elastischen Eigenschaften von Bogen und Sehne völlig bestimmt.

Mit $n = 9$ hat sich eine sehr gute Übereinstimmung ergeben, die durch Abb. 5 veranschaulicht wird[8]). Darin sind die von *Richards* und *Jones*[9]) gemessenen Kompressibilitäten in der Einheit 10^{-12} dyn/cm² als Kreuze, die nach unserer Theorie berechneten Werte als Striche eingetragen.

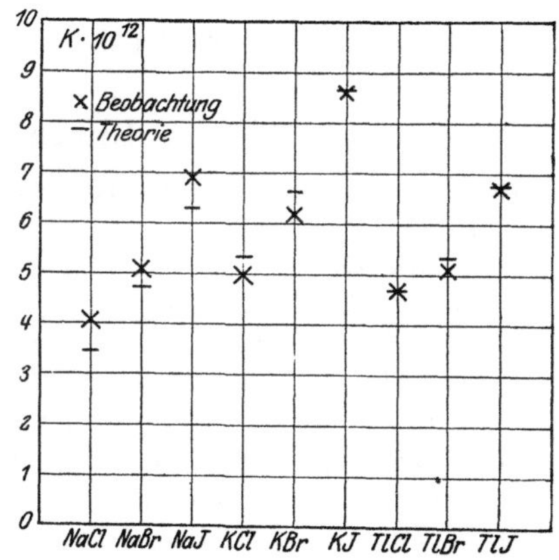

Abb. 5. Die Kompressibilität der Alkali-Halogen-Salze.

Damit ist der Nachweis erbracht, daß der elastische Widerstand gegen Zusammendrücken auf elektrischen Kräften beruht und im voraus berechnet werden kann. Man wird wohl nicht zögern, dieses Ergebnis zu verallgemeinern.

Es wäre nun noch viel zu sagen über die Bedeutung des Exponenten $n = 9$; dieser Zahlenwert wirft helles Licht auf den inneren Bau der Ionen, die mit großer Wahrscheinlichkeit keine Systeme von ebenen Elektronenringen (nach *Bohr*) sind, sondern die Symmetrie von Würfeln haben. Die Zahl 8 der Würfelecken wieder steht wahrscheinlich in engem Zusammenhang mit dem periodischen System der Elemente, dessen ersten beiden Perioden die Länge 8 haben[10]). Auch zeigen sich Beziehungen zwischen chemischen Wärmetönungen und den Ionisierungsspannungen*) und manche andere Ausblicke[11]). Doch sind diese

*) Die Ionisierungsspannung ist diejenige Spannung, die nötig ist, um einem Atom ein Elektron zu entreißen; sie ist nach den Untersuchungen von *Franck* und *Hertz* (Verh. d. Deutsch. Phys. Ges. **15**, 34, 1913) eine charakteristische Konstante des Atoms. Vergl. die beiden anderen Aufsätze in diesem Buche.

Dinge noch zu sehr im Stadium der Entwicklung, um an diesem Orte dargestellt zu werden. Wir können unsere Ausführungen mit der Gewißheit schließen, daß die Wissenschaft ein Stück des Weges vom „mechanischen Äther" zur „elektrischen Materie" glücklich überwunden hat.

Literatur.

1) *M. Born*, Dynamik der Kristallgitter (B. G. Teubner, Leipzig, 1915).
2) *E. Madelung*, Nachr. d. K. Ges. d. Wiss. zu Göttingen, math.-phys. Kl. 1909, 1910.
3) *Nichols* und *Rubens*, Wied. Ann. **60**, S. 438, 1897. *Rubens* und *Aschkinass*, Wied. Ann. **67**, S. 459, 1899. *H. Rubens*, Wied. Ann. **69**, S. 576, 1899, und viele weitere Arbeiten.
4) *W. Dehlinger*, Phys. Zeitschr. **15**, S. 276, 1914. *M. Born*, Phys. Zeitschr. **19**, S. 539, 1918.
5) *P. Debye* und *P. Scherrer*, Phys. Zeitschr. **19**, S. 474, 1908.
6) *M. Born* und *A. Landé*, Verh. d. Deutsch. Phys. Ges. **20**, S. 210, 1918.
7) *E. Madelung*, Phys. Zeitschr. **19**, S. 524, 1918.
8) *M. Born* und *A. Landé*, l. c. 6).
9) *Th. W. Richards* und *Gr. Jones*, Journ. Amer. Chem. Soc. **31**, S. 158, 1909.
10) *M. Born*, Verh. d. D. Phys. Ges. **20**, S. 230, 1918.
11) *M. Born*, Verh. d. D. Phys. Ges. **21**, S. 13, 1919,

Die Brücke zwischen Chemie und Physik.

1. Die Probleme der chemischen Affinitätslehre.

Die wichtigste Aufgabe der physikalischen Chemie ist die Bestimmung der Größe der chemischen Anziehungskräfte oder Affinitäten und die darauf gegründete Voraussage des Verlaufs von Reaktionen. Die Entwicklung dieses Forschungsgebietes zerfällt deutlich in Abschnitte, die mit den Fortschritten der Thermodynamik parallel sind[1*]).

Der *erste Abschnitt* wird gekennzeichnet durch die Anwendung des *1. Hauptsatzes der Wärmetheorie*, des *Satzes von der Erhaltung der Energie*, auf die chemischen Prozesse. *Berthelot* und *Thomsen* glaubten das Maß der Affinität in der *Wärmetönung* des Vorgangs entdeckt zu haben; *Berthelot* formulierte (1867) das Prinzip: „Jede chemische Umwandlung veranlaßt die Entstehung derjenigen Stoffe, bei deren Bildung sich die größte Wärmemenge entwickelt." Aber dieses Gesetz bewährte sich nicht; insbesondere konnte es nicht die große Klasse der endothermen Reaktionen erklären, bei denen keine Wärme frei wird, sondern die unter Absorption von Wärme verlaufen.

Der *nächste Abschnitt* der *Affinitätslehre* entspricht der Entwicklung des 2. *Hauptsatzes der Wärmetheorie*, des

---

*) Eine schöne Übersicht über die Entwicklung der Thermochemie bis zum Nernstschen Theorem einschließlich, hat kürzlich in den „Naturwissenschaften" Herr *J. Eggert* gegeben. (Die Naturw. 7, 883, 1919.)

Satzes von der Entropie. Van't Hoff (1883) erkannte, daß das richtige Maß der Affinität diejenige Arbeit ist, die im günstigsten Falle, nämlich bei umkehrbarer (reversibler) Führung des chemischen Prozesses (bei konstanter Temperatur) gewonnen werden kann. *Helmholtz* hat diese Arbeit „*freie Energie*" genannt; ihr Temperaturkoeffizient ist die Entropie. Die Definition *van't Hoffs* hat sich durchaus bewährt und ermöglichte die Vorausberechnung der chemischen Reaktionen in ihrer Abhängigkeit von der Temperatur, dem Druck und anderen Umständen mit Hilfe einer geringen Zahl von Messungen. Diese sind — bis auf eine einzige — rein physikalischer Art, nämlich Bestimmungen von Wärmetönungen und von spezifischen Wärmen; die eine Ausnahme aber ist die: Man muß für *eine* Temperatur die chemische Affinität selber durch Messung bestimmen, erst dann kann man sie durch Rechnung für alle anderen Temperaturen aus den Gesetzen der Thermodynamik ermitteln.

Die Aufgabe, chemische Messungen ganz auszuschalten und die Berechnung der Affinitäten auf rein physikalische Größen zurückzuführen, hat erst *Nernst* gelöst und damit den dritten Abschnitt in der Entwicklung der Thermochemie eingeleitet. Die Wichtigkeit des Nernstschen Theorems für die Praxis und seine Verknüpfung mit den letzten Prinzipien der Naturerkenntnis (Quantentheorie) rechtfertigen seine Bezeichnung als den 3. *Hauptsatz der Wärmelehre**). Der Nernstsche Gedanke ist der, daß die noch nötige Bestimmung der Affinität bei *einer* Temperatur durch einen allgemeinen Satz über das Verhalten bei ganz tiefen Temperaturen ersetzt wird. Nach allgemeinen thermodynamischen Prinzipien treffen sich beim absoluten

*) Man findet Näheres darüber in dem zit. Aufsatze von *Eggert*.

Nullpunkte die Kurven, welche die Wärmetönung und die Affinität in ihrer Abhängigkeit von der Temperatur darstellen; nach *Nernst* sollen sie sich überdies beim absoluten Nullpunkt berühren, d. h. für ganz tiefe Temperaturen soll das Berthelotsche Prinzip wieder zu Recht bestehen. Durch diese Bedingung ist dann der weitere Verlauf der Affinitätskurve für alle Temperaturen festgelegt.

Damit wäre nun in der Tat ein hohes Ziel erreicht: die Bestimmung der chemischen Prozesse mit Hilfe rein physikalischer Messungen. Es scheint eine Verschmelzung der Chemie mit der Physik erzielt zu sein, die nichts zu wünschen übrigläßt.

Und doch ist damit noch nicht diejenige Aufgabe gelöst, die dem Physiker als Ideal vorschweben muß: Der Nachweis der Einheit aller physikalischen und chemischen Kräfte und ihre Zurückführung auf die Wechselwirkungen zwischen den elementaren Bausteinen der Materie, den Elektronen und Atomen bzw. Atomkernen*). Die heutige Physik besitzt bereits Bilder der Atome, die sicherlich bis zu einem gewissen Grade der Wahrheit sich annähern, und sie kann damit zahlreiche mechanische, elektrische, magnetische, optische Eigenschaften der Substanzen erklären. Sie darf nun vor den chemischen Eigenschaften nicht haltmachen und muß versuchen, auch diese auf die Atomkräfte, soweit sie bekannt sind, zurückzuführen. Das Nernstsche Theorem leistet hierfür die wertvollste Vorarbeit, indem es den verwickelten Komplex der chemischen Vorgänge auf eine Reihe einfacher Konstanten zurückführt. Aufgabe des Molekularphysikers ist es nun, diese Konstanten, die für den physikalischen Chemiker durch kalorimetrische und ähnliche Messungen bestimmbar sind, aus den Eigenschaften der Atome zu berechnen;

*) Vergl. den ersten Aufsatz dieses Buches: Das Atom.

damit beginnt ein neuer und unabsehbar großer Abschnitt der thermochemischen Forschung.

2. Die chemischen Elementargrößen.

Um nun zu überblicken, was auf diesem Gebiete schon geleistet ist und was noch der Erledigung harrt, wollen wir als typisches Beispiel eine Reaktion betrachten, bei der zwei einatomige Gase A und B sich zu dem Gase AB vereinigen:

$$A + B = AB\,.$$

Der umgekehrte Prozeß ist die Dissoziation des Stoffes AB in seine Bestandteile.

Beide Vorgänge führen zu einem Gleichgewichte, bei dem alle drei Stoffe mit ganz bestimmten Partialdrucken p_A, p_B, p_{AB} vorhanden sind; für dieses Gleichgewicht gilt das Massenwirkungsgesetz, wonach der Quotient

$$\frac{p_A p_B}{p_{AB}} = K_p \qquad (1)$$

bei gegebenem Gesamtdrucke p einen ganz bestimmten Wert hat, der nur noch von der absoluten Temperatur abhängt. Diese Temperaturfunktion läßt sich nun nach den drei Hauptsätzen der Thermodynamik ermitteln, und zwar findet man

$$\log K_p = -\frac{Q_0}{RT} + \frac{c}{R}\log T + C\,, \qquad (2)$$

wo R die absolute Gaskonstante (etwa 2 cal) ist und Q_0, c, C drei Konstanten sind, die folgende Bedeutung haben:

1. Q_0 ist die Wärmetönung des Vorganges beim absoluten Nullpunkte, d. h. die Wärmemenge, die bei der Vereinigung von 1 Mol A und 1 Mol B zu 1 Mol AB bei ganz tiefen Temperaturen frei werden würde; Q_0 läßt sich also nur durch Extrapolation aus den bei

höheren Temperaturen gemessenen Wärmetönungen finden.

2. c ist die algebraische Summe der spezifischen Wärmen (bei konstantem Drucke) der drei reagierenden Gase:

$$c = c_A + c_B - c_{AB} .$$

3. C ist die algebraische Summe der von *Nernst* sogenannten chemischen Konstanten der Gase:

$$C = C_A + C_B - C_{AB} .$$

Die chemische Konstante eines Gases hängt mit dem Sättigungsdrucke p zusammen, den das Gas im Gleichgewicht über seinem Kondensat hat. Dieser Druck p nimmt mit der Temperatur sehr schnell ab, und zwar gilt für tiefe Temperaturen die zu (2) ganz analog gebaute Formel:

$$\log p = -\frac{\lambda_0}{RT} + \frac{\gamma}{R} \log T + C ,$$

wo λ_0 der Grenzwert der Verdampfungswärme für abnehmende Temperaturen und γ ihr Temperaturkoeffizient ist ($\lambda = \lambda_0 + \gamma T$). Die hier auftretende Größe C ist die chemische Konstante des Gases. Sie läßt sich empirisch für jedes einzelne Gas durch Messungen des Sättigungsdruckes bestimmen.

Diese Zusammenstellung zeigt, daß die drei Konstanten Q_0, c, C prinzipiell meßbar sind, d. h. sich aus direkt meßbaren Größen zusammensetzen; damit ist auch die Konstante K_p des Massenwirkungsgesetzes auf rein physikalische Messungen zurückgeführt.

Jetzt aber beginnt die Aufgabe der Atomistik, die drei Konstanten Q_0, c, C bzw. ihre Bestandteile aus den Eigenschaften der Atome A und B vorherzusagen. Gelöst ist diese Aufgabe für c und C. Die spezifischen Wärmen der

Gase sind durch die kinetische Gastheorie schon seit langem auf die einfachsten Eigenschaften der Gasatome zurückgeführt worden, nämlich auf die Anzahl von Bewegungsfreiheiten oder Freiheitsgraden, die das Atom besitzt. Ein einatomiges Gas hat z. B. drei Freiheitsgrade, nämlich die Verschiebungsmöglichkeiten nach drei zueinander senkrechten Richtungen; dann ergibt die kinetische Gastheorie für die spezifische Wärme bei konstantem Drucke den Wert $^5/_2\, R$. Man kann ganz allgemein behaupten, daß das Problem der atomistischen Berechnung der spezifischen Wärmen vollständig gelöst ist, übrigens nicht nur für Gase, sondern auch für feste Körper.

Auch die chemischen Konstanten C sind theoretisch einwandfrei berechenbar. Die ersten Ableitungen wurden von *Sackur*[2]) und *Tetrode*[3]) durchgeführt auf Grund quantentheoretischer Überlegungen, denen eine gewisse Willkür anhaftet. Sodann aber hat *O. Stern*[4]) gezeigt, daß man durch ein völlig sicheres Verfahren, bei dem Thermodynamik und kinetische Theorie der Materie in sinnreicher Weise kombiniert werden, zu denselben Formeln für C gelangt. Obwohl die Größe C durch die oben angegebene Formel für den Sättigungsdruck definiert ist, hängt sie doch nicht vom Kondensat, sondern nur vom Gase ab, und zwar ist für ein einatomiges Gas:

$$C = \log \frac{(2\pi)^{3/2} R^{5/2}}{N^4 h^3} + {}^3/_2 \log \mu \,,$$

wo μ, das Atomgewicht, die einzige für das Gas charakteristische Größe ist, während sonst nur universelle Konstanten vorkommen, nämlich außer der Gaskonstante R die Anzahl N der Molekeln im Mol (Avogadrosche Zahl) und die Plancksche Konstante h.

Bei mehratomigen Gasen gelten ähnliche Formeln, wobei noch die Trägheitsmomente der Molekel und die

Schwingungszahlen der Atome in der Moleke' gegeneinander eingehen.

Jetzt bleibt noch die Größe Q_0 zu diskutieren. Hier liegt nun in der Tat für die Atomistik ein fundamentales Problem vor, von dessen allgemeiner Lösung wir noch weit entfernt sind. Doch sind in letzter Zeit einige viel versprechende Ansätze dazu gemacht worden, die vielleicht den Ausgangspunkt des letzten, vierten Abschnitts der Affinitätslehre bilden werden. Darüber will ich hier kurz berichten.

3. Die Bindungsenergie zweiatomiger Molekeln.

Die Wärmetönung beim absoluten Nullpunkte Q_0 kann man auch definieren als Differenz der potentiellen Energie*) der getrennten Atome A und B gegen die Molekel AB, oder als die Arbeit, die man aufwenden muß, um die Molekel in die Atome A und B zu zerreißen (natürlich multipliziert mit der Zahl N der Atome im Mol). Um sie zu berechnen, muß man also die Anziehungskräfte kennen, mit denen die Atome A und B aufeinander wirken. Leider ist aber unser Wissen über diese Kräfte sehr beschränkt; nur in einem Falle haben wir nähere Kenntnis über die Natur der Atomkräfte, und zwar bei denjenigen Substanzen, deren Molekeln leicht in Ionen spaltbar sind. Man nennt diese Verbindungen nach *Abegg*[5]) *heteropolar*; Beispiele dafür sind die Salze vom Typus NaCl, die in die Ionen Na^+ und Cl^- zerfallen, oder die zugehörigen Säuren wie HCl, bei deren Zerfall statt des Metallions das H^+ auftritt. Verbindungen, die nicht diesen elektro-

*) Wärmemengen, Energie- und Arbeitsbeträge rechnen wir als Größen derselben Art und messen sie in kg-cal., wobei die mechanischen Größen durch Division mit dem Wärmeäquivalent umzurechnen sind.

polaren Charakter haben, heißen *homöopolar*; typische Vertreter dieser Art sind die elementaren Gase H_2, N_2, O_2, Cl_2 usw. oder Verbindungen wie BrJ, deren Bestandteile einander gleich oder äußerst ähnlich sind. Welcher Art diese Kräfte sind, die die homöopolaren Verbindungen zusammenhalten, darüber hat man kaum mehr als Vermutungen. Dagegen liegt es nahe, anzunehmen, daß die Kräfte zwischen den Komponenten einer heteropolaren Verbindung elektrischer Natur sind. *Kossel*[6]*) hat diesen Gedanken systematisch durchgeführt und nachgewiesen, daß ein großer Teil der anorganischen Chemie dadurch physikalisch verständlich wird.

Die grundlegende Hypothese ist dabei die, daß die heteropolaren Molekeln eigentlich „Ionenverbindungen" sind, d. h. sie entstehen durch zwei aufeinander folgende Vorgänge: Zuerst tauschen die neutralen Atome ein Elektron (oder mehrere) aus und werden dadurch zu Ionen, sodann ziehen sich diese Ionen wegen ihrer entgegengesetzten Ladungen nach dem Coulombschen Gesetze der Elektrostatik an und lagern sich aneinander. Nur dieser zweite Vorgang wird also mit bekannten physikalischen Kräften gedeutet; der erste ist vorläufig theoretisch nur in den wenigen Ausnahmefällen faßbar, wo man ein gut fundiertes Atommodell zur Verfügung hat**) (wie beim neutralen H-Atom und dem He^+-Ion). Wir wollen nun annehmen, daß als Ausgangsmaterial 1 Mol positive Ionen, etwa H^+, und 1 Mol negative Ionen, etwa Cl^-, beide Arten in unendlicher Verdünnung (als „Ionengase"), gegeben

*) *Kossel* hat über seine Theorie kürzlich in der Zeitschrift Die Naturwissenschaften Bericht erstattet, in dem Aufsatze: Über die physikalische Natur der Valenzkräfte. Die Naturw. 7, S. 339, 1919.

**) Vgl. das unten im Abschnitt 6 Gesagte.

seien und wollen die Wärmetönung bei der Vereinigung dieser zu 1 Mol Molekeln (HCl-Gas) auf Grund der Kosselschen Hypothese berechnen. Um das Anziehungsgesetz zu veranschaulichen, denken wir uns etwa das Cl^--Ion festgehalten und entwerfen ein Diagramm (Abb. 1), in dem die Entfernung r des H^+-Ions vom Cl^--Ion die Abszisse und die potentielle Energie φ der elektrischen Anziehung zwischen beiden die Ordinate ist. Die Ionenladung sei e. Nach dem Coulombschen Gesetze wird φ durch die gleichseitige Hyperbel

$$\varphi = -\frac{e^2}{r} \tag{3}$$

dargestellt, die ganz unterhalb der Abszissenachse verläuft. Man kann sich die Wirkung dieser potentiellen Energie dadurch klar machen, daß man sich das H^+-Ion als unendlich kleine Kugel vorstellt, die auf der φ-Hyperbel wie auf einer Rutschbahn rollt; dann wird die Kugel offenbar auf das Cl^--Ion zurollen, bis sie durch dessen Volumen aufgehalten wird. Ist dieses eine Kugel vom Radius r_0, so entspricht ihm in unserer Figur eine Parallele zur Achse $r = 0$ im Abstande r_0, die das rollende H^+-Ion nicht überschreiten darf; es wird daher im Schnittpunkt dieser Geraden mit der Hyperbel liegen bleiben, und die Ordinate dieses Punktes φ_0 ist die bei der Vereinigung der beiden Ionen nach außen abgegebene Energie (Wärme). Man hat also

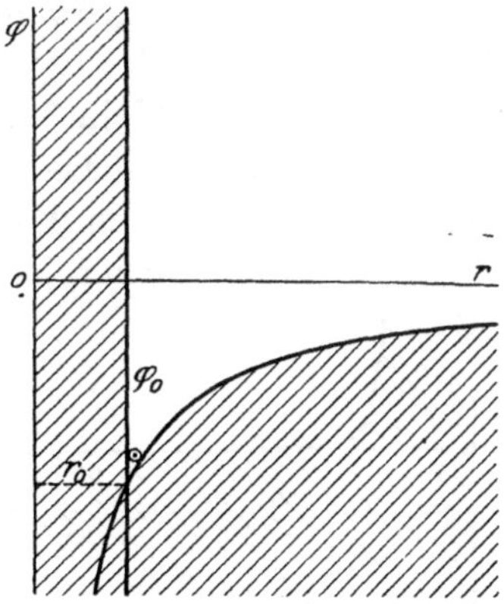

Abb. 1. Zur Veranschaulichung des Anziehungsgesetzes $\varphi = -\frac{e^2}{r}$; $r > r_0$

$$\varphi_0 = -\frac{e^2}{r_0}. \tag{4}$$

Nun ist aber dieses Bild der Atomkräfte noch zu roh; denn es ist nicht anzunehmen, daß die Ionen sich wie unendlich harte Kugeln verhalten, sonst müßten ja die aus ihnen gebildeten Flüssigkeiten oder festen Körper (wie NaCl usw.) vollständig inkompressibel sein. Statt der starren Schale wird man also lieber eine Abstoßungskraft annehmen, die bei großen Entfernungen verschwindend klein ist, aber nicht unendlich schnell ansteigt. Dafür legt die Analogie mit der Coulombschen Kraft den Ansatz für die potentielle Energie

$$\varphi = + \frac{\beta}{r^n} \tag{5}$$

nahe, wo β und n Konstanten sind. Das ist eine hyperbelartige Kurve (Abb. 2), die oberhalb der Abszissenachse verläuft und um so schneller ansteigt, je größer der Exponent n ist. Stellen wir uns diese Kurve wieder als Rutschbahn vor, so wird die darauf gelegte H^+-Kugel ins Unendliche fortrollen, wodurch der Charakter der Abstoßungskraft anschaulich wird.

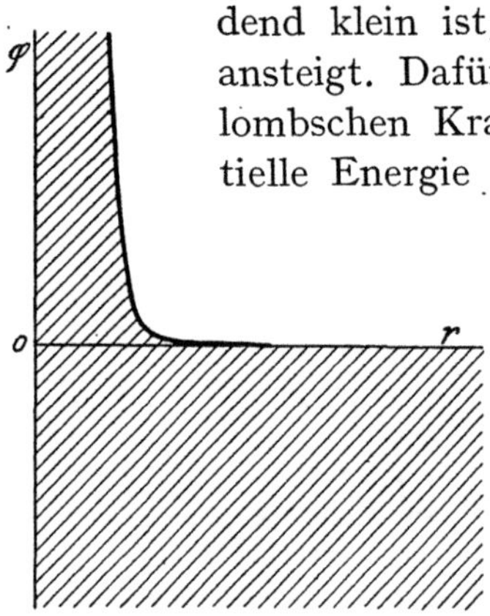

Abb. 2. Zur Veranschaulichung des Abstoßungsgesetzes $\varphi = \frac{\beta}{r_n}$.

In Wirklichkeit werden Anziehung und Abstoßung sich überlagern; die potentielle Energie wird durch die Formel

$$\varphi = -\frac{e^2}{r} + \frac{\beta}{r^n}. \tag{6}$$

dargestellt sein, deren Bild man erhält, indem man die Ordinaten der beiden einzelnen (gestrichelten) Kurven (Abb. 3) algebraisch addiert. Es entsteht die ausgezogene Kurve, die an einer bestimmten Stelle ein Minimum hat;

dort wird die darauf gelegte H^+-Kugel im Gleichgewichte liegen bleiben, mit der Abszisse r_0 und der Ordinate φ_0. Nach den Regeln der Differentialrechnung findet man zwischen diesen die Beziehung

$$\varphi_0 = -\frac{e^2}{r_0}\left(1 - \frac{1}{n}\right). \quad (7)$$

Die erste, primitive Formel (4) ist also um den Faktor $1 - \frac{1}{n}$ zu verbessern.

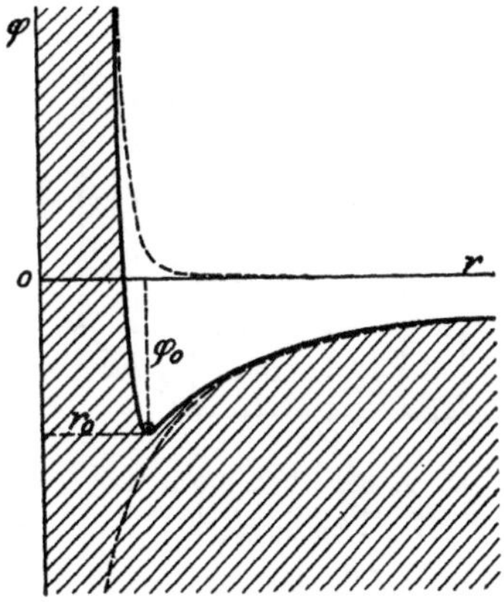

Abb. 3. Zur Veranschaulichung der gegenseitigen Überlagerung von Anziehung und Abstoßung $\varphi = -\frac{e^2}{r} + \frac{\beta}{r^n}$.

Um diese Formel (7) für die Bindungsenergie anwenden zu können, müßte sowohl r_0 wie n bekannt sein. Nun weiß man aber bei Gasmolekeln wie HCl von n gar nichts, und vom Gleichgewichtsabstande r_0 der verbundenen Ionen hat man nur rohe Schätzungen.

Daher ist die Theorie in dieser Form noch nicht zu gebrauchen. Ein Fortschritt über *Kossels* Gedanken in quantitativer Richtung war erst möglich, als die skizzierten Überlegungen auf die aus Ionen aufgebauten Kristalle übertragen wurden [7]).

4. Die Energie der Kristallgitter.

An Stelle der Säuren (HCl) wird man die zugehörigen Alkalisalze (NaCl) betrachten, die als reguläre Kristalle mit wohlbekannter Gitterstruktur vorkommen. Man weiß, daß das Gitter aus den Ionen (Na^+ und Cl^-) schachbrettartig (Abb. 4) aufgebaut ist*), und man hat zahlreiche

*) Vgl. den voranstehenden Aufsatz, S. 41.

Gründe anzunehmen, daß die Kohäsionskräfte, die das Gitter zusammenhalten, vollkommen wesensgleich sind mit den chemischen Kräften, die etwa im Dampfe des Salzes die Molekel (NaCl) zusammenhalten. Zwischen irgend zwei Ionen wird also eine potentielle Energie derselben Art (6) bestehen, wie wir sie oben für die beiden Ionen einer HCl-Molekel angesetzt haben, nämlich ein Ausdruck von der Form:

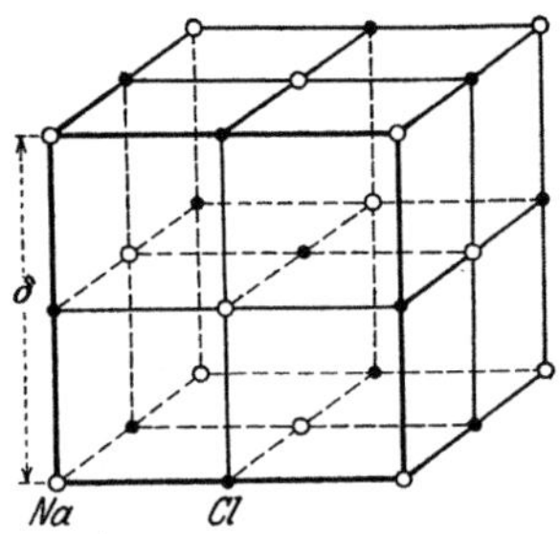

Abb. 4. Das Kristallgitter des Kochsalzes; o Natriumionen; • Chlorionen.

$$\varphi = \pm \frac{e^2}{r} + \frac{\beta}{r^n},$$

wobei nur zu beachten ist, daß gleichnamige Ionen (Na^+, Na^+ oder Cl^-, Cl^-) sich abstoßen, also im ersten, elektrostatischen Gliede das positive Vorzeichen zu nehmen ist, während bei ungleichnamigen Ionen (Na^+Cl^-) wieder das negative Zeichen (Anziehung) gilt. Da immer benachbarte Ionen von verschiedener Art sind, wird das erste Glied in Summa ein Kontraktionsbestreben geben; das zweite Glied stellt dann die entgegenwirkende Kraft dar, die das Zusammenstürzen der Ionen verhindert.

Nun erwächst die mathematische Aufgabe, aus der Wirkung je zweier Ionen aufeinander die potentielle Energie des ganzen Gitters zu berechnen. Man sieht leicht ein, daß die Lösung die Form haben muß

$$\Phi = -\frac{a}{\delta} + \frac{b}{\delta^n}, \tag{8}$$

wo δ die Gitterkonstante, d. h. der Abstand eines Ions vom nächsten gleichen Ion auf der Würfelkante (Abb. 4), ist und a, b Konstanten sind, die durch den Summationsprozeß aus e^2 und β entstehen. *E. Madelung*[8]) hat ein einfaches Verfahren angegeben, um die Konstante a des elektrostatischen Gliedes zu berechnen; sie wird natürlich mit e^2 proportional und hängt nur von der Struktur des Gitters ab. Für die Gitter vom Typus des NaCl ergibt sich z. B.

$$a = 13{,}94\, e^2\,, \tag{9}$$

wenn Φ die potentielle Energie pro Elementarwürfel (mit der Kante δ) bedeutet.

Man sieht nun, daß Φ von δ in genau derselben Weise abhängt, wie vorher φ von r (Formel 6); daher kann man alle Überlegungen mutatis mutandis auf den Fall des Gitters übertragen. Insbesondere findet man folgende Beziehung zwischen dem Gleichgewichtswerte δ_0 der Gitterkonstanten und der zugehörigen Energie pro Elementarwürfel, vgl. (7):

$$\Phi_0 = -\frac{a}{\delta_0}\left(1 - \frac{1}{n}\right). \tag{10}$$

Jetzt ist man aber in der Lage, mit dieser Formel etwas anzufangen. Denn die Gitterkonstante δ_0 für den Kristall in seinem natürlichen, undeformierten Zustande ist genau bekannt; sind $\mu+$ und $\mu-$ die Atomgewichte der beiden Ionenarten, so ist $\frac{\mu_+ + \mu_-}{N}$ die Masse einer Molekel (NaCl), und da der Elementarwürfel deren 4 enthält (s. Abb. 4), so ist die in diesem Würfel enthaltene Masse

$$\frac{4(\mu_+ + \mu_-)}{N} = \varrho\, \delta_0^3\,, \tag{11}$$

wo ϱ die Dichte des Kristalls ist. Daraus kann man δ_0 berechnen.

Aber auch der Exponent n läßt sich scharf bestimmen; denn er hängt offenbar mit der Steilheit der Abstoßungskurve (Abb. 2) zusammen. Denken wir noch einmal an das Bild mit der Kugel auf der Rutschbahn; wenn wir die Kugel aus der Gleichgewichtslage (Abb. 3) nach dem anderen Ion hin verschieben, müssen wir sie den steilen Anstieg heraufbefördern, den die Figur zeigt, und der offenbar von n abhängt. Beim Kristall entspricht diesem Prozeß eine Verkleinerung der Gitterkonstanten, also eine Kompression. Man erkennt so, daß der Exponent n mit der Kompressibilität $\varkappa$ des Kristalls eng verknüpft sein wird; in der Tat liefert die Rechnung die Formel:

$$\varkappa = \frac{9\,\delta_0^4}{a(n-1)}\,, \tag{12}$$

aus der man n bestimmen kann, wenn $\varkappa$ durch die Messung bekannt ist.

Es hat sich nun ergeben*), daß für alle Alkalihalogensalze des Typus NaCl mit genügender Annäherung

$$n = 9$$

gesetzt werden darf.

Damit ist alles bekannt, was zur Berechnung der Energie U erforderlich ist, die ein Mol eines solchen Salzes bei der Bildung aus den Ionen (als Wärme) abgibt[9]). Man bekommt U aus Φ_0 durch Multiplikation mit $-N/4$, weil der Elementarwürfel vier Ionenpaare (Molekel) enthält:

$$U = \frac{Na}{4\,\delta_0}\left(1 - \frac{1}{n}\right); \tag{13}$$

setzt man hier die Werte für a und $_0$ aus (9) und (11) sowie die bekannten Zahlenwerte für die Avogadrosche Zahl N und das elektrische Elementarquantum e ein, so findet man

$$U = 545\sqrt[3]{\frac{\varrho}{\mu_+ + \mu_-}}\ \text{kg-cal.} \tag{14}$$

Indem man hier für verschiedene Salze die Atomgewichte der Elemente und die Dichten der Salzkristalle einsetzt, erhält man ihre Bildungswärme aus den Ionen.

*) Vgl. den voranstehenden Aufsatz, S. 50.

Man findet z. B. für die Salze NaJ und KJ die Werte (in kg-cal)

$$U_{NAJ} = 158\,, \qquad U_{KJ} = 144\,.$$

(Diese beziehen sich auf den absoluten Nullpunkt der Temperatur, da die Ionen in ihren Gleichgewichtslagen als ruhend angenommen sind.) Leider sind diese Größen U nicht direkt einzeln meßbar. Es gibt aber verschiedene Wege, sie mit beobachtbaren Wärmetönungen und anderen Energiegrößen in Beziehung zu setzen.

5. Reaktionen zwischen binären Salzen.

Zunächst wird man solche chemische Prozesse heranziehen, die sich als Austausch von Ionen auffassen lassen, ohne daß sonst dabei irgend etwas geschieht; die Wärmetönung eines solchen Prozesses muß sich additiv aus den entsprechenden U-Werten zusammensetzen[9]). Betrachten wir z. B. die Umsetzung

$$\mathrm{NaCl} + \mathrm{KJ} = \mathrm{NaJ} + \mathrm{KCl}\,, \tag{15}$$

so kann man diese so vorgenommen denken: Zunächst werden je 1 Mol der festen Kristalle NaCl und KJ in ihre freien Ionen Na^+, K^+, Cl^-, J^- zerlegt, wozu die Arbeit $U_{NaCl} + U_{KJ}$ aufgewandt werden muß; aus den freien Ionen Na^+, K^+, Cl^-, J^- werden dann je 1 Mol der Kristalle NaJ und KCl aufgebaut, wobei die Energie $U_{NaJ} + U_{KCl}$ frei wird. Die im ganzen frei werdende Wärme, die meßbare Wärmetönung, ist also

$$Q = U_{NaJ} + U_{KCl} - U_{NaCl} - U_{KJ}\,. \tag{16}$$

Die Prüfung der Theorie auf diesem Wege ist nur möglich, wenn sowohl die U-Werte als auch der Wert von Q recht genau bekannt sind; denn die Summen $U_{NaJ} + U_{KCl}$ und $U_{NaCl} + U_{KJ}$ sind nahezu gleich, ihre Differenz also durch die Ungenauigkeiten der U-Werte relativ stark belastet. Berechnet man die Q-Werte aus den Bildungswärmen der einzelnen Kristalle, wie ich zuerst versucht habe[9]), so werden diese aus demselben Grunde sehr ungenau. Herr *Fajans*[10]) hat eine wesentliche Verbesserung der Genauigkeit von Q dadurch erreicht, daß er Q auf dem Umwege über die Lösungswärmen berechnet hat, die sich scharf bestimmen lassen. Man denke sich die Verwandlung von NaCl und KJ in NaJ und KCl so vorgenommen: Zunächst werden die Salze NaCl und KJ in viel Wasser aufgelöst, wobei die Lösungswärme (pro Mol) $L_{NaCl} + L_{KJ}$ frei wird. In der Lösung sind die Salze vollständig dissoziiert, die Ionen Na^+, K^+, Cl^-, J^- vollkommen frei; die Auflösung der beiden Salze KCl und NaJ würde also genau dieselbe Lösung geben, wobei die Wärme $L_{KCl} + L_{NaJ}$ frei würde. Schafft man also die Ionen aus der Lösung heraus und setzt sie zu den Kristallen KCl und NaJ zusammen, so muß man die Energie $-(L_{KCl} + L_{NaJ})$ aufwenden. Bei der Verwandlung des einen Salzpaares in das andere auf dem Umwege über die Lösung wird also im ganzen die Wärme

$$Q = L_{NaCl} + L_{KJ} - L_{KCl} - L_{NaJ} \tag{17}$$

frei. Mit Hilfe dieser Formel (17) hat Herr *Fajans* Q aus den bekannten Lösungswärmen berechnet und mit dem theoretischen Werte (16), der aus der Gittertheorie stammt, verglichen. Die folgende Tabelle zeigt das Ergebnis:

Tabelle 1.

Reaktion	Q aus der Gittertheorie	Q aus den Lösungswärmen
KCl + LiBr = KBr + LiCl	4	3,6
KCl + LiJ = KJ + LiCl	7	7,2
KCl + NaBr = KBr + NaCl	3	2,0
KCl + NaJ = KJ + NaCl	5	3,4

Die Übereinstimmung ermutigt dazu, die Theorie weiter zu verfolgen.

6. Die Ionisierungsenergie der positiven Ionen.

Dann wird es aber notwendig, außer der *Ionenvereinigung* auch noch den Prozeß der *Ionenbildung* näher zu untersuchen. Die Theorie des Vorgangs der Elektronenabspaltung, also der Bildung positiver Ionen, steht etwa auf derselben Stufe der Entwicklung wie die eben dargestellte Theorie der Ionenvereinigung. Wie bei dieser die Vereinigungswärme U nicht vollständig aus den Eigenschaften der Atome oder Ionen erschlossen werden konnte, sondern Messungen der Dichte und der Kompressibilität herangezogen werden mußten, so kann man auch (bis auf wenige Ausnahmefälle) die Abtrennungsarbeit eines Elektrons vom Atom nicht rein rechnerisch aus dessen Konstitution herleiten, aber man kann sie auf optische Messungen zurückführen, die eine hohe Genauigkeit zulassen. Dieser fundamentale Zusammenhang ist durch die Untersuchungen von *Franck* und *Hertz*[11]) zutage gefördert worden und beruht theoretisch auf den Vorstellungen über die Konstitution der Atome, die *Niels Bohr*[12]) entwickelt hat.

Bekanntlich lassen sich die Linienspektren der Elemente nach Serien anordnen, deren Schwingungszahlen Gesetzen von folgender Form gehorchen:

$$\nu_n = \nu_\infty - f(n)\,; \tag{18}$$

dabei ist n die Nummer der Serienlinie und $f(n)$ eine Funktion, die für wachsende n sich der Null nähert. Die Linien der Serie häufen sich also gegen die „Seriengrenze" ν_∞ an. Für die bekannte Balmersche Serie des Wasserstoffs ist z. B.

$$\nu_n = \nu_\infty - \frac{K}{n^2}\,, \tag{19}$$

wo $K = 3{,}291 \cdot 10^{15}$ sec.$^{-1}$ die sog. Rydbergsche Konstante und $\nu_\infty = {}^1/_4\,K$ ist. Fig. 5 zeigt diese Serie; man sieht, wie die Linien im Ultravioletten immer näher aneinanderrücken und an der Seriengrenze ν_∞ sich anhäufen.

Diese Gesetzmäßigkeit deutet nun *Bohr* in folgender Weise: Wie in der klassischen Elektrodynamik nimmt er an, daß der Energieaustausch zwischen dem Atom und

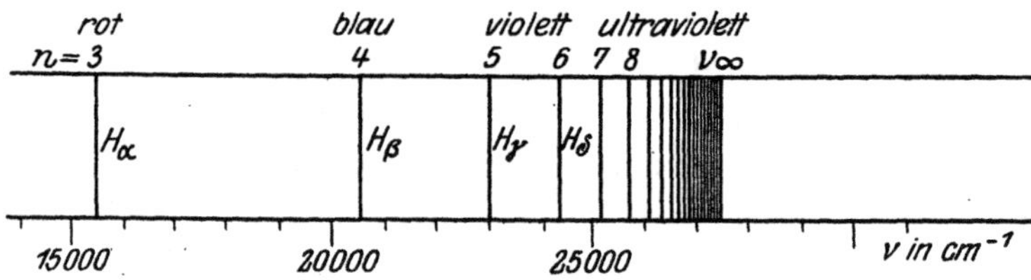

Abb. 5. *Balmer*sche Wasserstoffserie.

der Strahlung durch ein Elektron vermittelt wird, das wir das „optische Elektron" nennen wollen. Aber im Gegensatz zu allen Lehren der klassischen Theorie soll das Atom eine Reihe von „stationären" Zuständen besitzen, bei denen das Elektron ohne Ausstrahlung von Energie auf bestimmten Bahnen kreist. Die Energien dieser Zustände sind um endliche Beträge verschieden. Man mißt sie am besten durch die Arbeit W, die notwendig ist, um das optische Elektron vom Atom loszureißen und in unendlicher Entfernung zur Ruhe zu bringen; rechnet man die Energie des Atoms in diesem „ionisierten Zustand" gleich Null, so ist sie in einem anderen stationären Zustand gleich $-W$. Wie gesagt, soll das Atom in den stationären Zuständen keine Energie ausstrahlen; wenn es aber von einem der stationären Zustände Z' zu einem andern Z übergeht, so soll eine Strahlungsabsorption oder -emission stattfinden, je nachdem der Arbeitsaufwand $W' - W$ positiv oder negativ ist.

Für das Gesetz dieser Ausstrahlung kann nun *Bohr* natürlich nicht die Regeln der klassischen Elektrodynamik gelten lassen, sondern er zieht die *Plancksche Quantentheorie*[13] *) heran, wonach zwischen der Frequenz ν einer Strahlung und ihrer Energie E die Beziehung besteht:

$$h\nu = E\,; \tag{20}$$

dabei ist h die von *Planck* entdeckte universelle Konstante, deren Wert ist:

$$h = 6{,}54 \cdot 10^{-27} \text{ erg sec.} \tag{21}$$

Dementsprechend behauptet *Bohr*, daß der Übergang vom Zustande Z' zum Zustande Z, für den die Abtrennungsarbeit W größer ist als die W' des Zustandes Z', mit der Emission einer Frequenz ν verknüpft ist nach der Formel

$$h\nu = W - W'\,, \tag{22}$$

und daß der umgekehrte Übergang nur durch Absorption von Strahlung der Frequenz ν hervorgerufen werden kann. Nimmt man nun für Z' der Reihe nach die Zustände Z_1, Z_2, ... und läßt das System aus diesen in einen und denselben Endzustand Z übergehen, dessen Energie natürlich kleiner sein muß als die aller Ausgangszustände (also W größer als alle W_n), so erhält man die Frequenzen

$$\nu = \frac{1}{h}(W - W_n)\,, \tag{23}$$

und diese Formel wird mit dem Seriengesetze (18) identisch, wenn man setzt:

$$W = h\nu_\infty\,, \qquad W_n = h f(n)\,. \tag{24}$$

Die Glieder der Serienformel liefern also direkt durch Multiplikation mit der Planckschen Konstanten h die Abtrennungsarbeiten des Elektrons, die die einzelnen stationären Zustände charakterisieren.

---

*) Eine Übersicht über die Plancksche Quantentheorie vermittelt das Planck-Heft d. „Naturw.", 6, Heft 17, S. 195—263, 1918.

Insbesondere ist durch die Seriengrenze ν_∞ die Abtrennungsarbeit für die Endbahn des optischen Elektrons bestimmt, auf die es bei der Emission aller Linien einer Serie zurückspringt. Die Endbahn kann irgendeine stationäre Bahn des Atoms sein; für jede solche Endbahn erhält man dann eine andere Serie mit anderer Grenze. Das Auftreten dieser Serien hängt von den Erregungsbedingungen ab; es ist anders in Flammen, anders in Geißlerschen Röhren, anders in Funken. Denn damit eine Bahn häufig als Endbahn auftritt, muß durch äußere Energiezufuhr, durch elektrische Entladungen, Temperaturerhöhung oder Lichtabsorption erreicht werden, daß ein beträchtlicher Teil der Atome sich im Mittel in dem Zustande befindet, bei dem das Elektron auf dieser Endbahn läuft.

Wenn aber gar keine äußere Energiezufuhr stattfindet, so befindet sich das optische Elektron auf derjenigen Bahn, die dem normalen, unerregten Zustande des Atoms entspricht; absorbiert es in diesem Zustande, so entsteht eine Serie, deren Grenze ν_∞ durch Multiplikation mit h die Lostrennungsarbeit des Elektrons aus dem unerregten Atome liefert; das ist aber die *Ionisierungsarbeit.* Damit ist ein fundamentaler Zusammenhang aufgedeckt:

Die Ionisierungsarbeit J erhält man aus der Formel

$$J = h\nu_\infty\,, \tag{25}$$

wo ν_∞ die Grenze der Serie ist, die das Atom im natürlichen, unerregten Zustande absorbiert.

Dieses Gesetz ist nun durch die Arbeiten von *Franck* und *Hertz*[11]) und ihrer Nachfolger glänzend bestätigt worden. Die direkte Messung der Ionisierungsarbeit beruht darauf, daß man einen Strahl von Elektronen von bestimmter Geschwindigkeit in das Gas schickt und feststellt, wie viele davon und mit welcher Endgeschwindigkeit die Gasschicht passieren. Ist das Gas elektropositiv (Edelgas, Metalldampf), so verlaufen die Zusammenstöße der Elektronen mit den Atomen elastisch, solange die Elektronengeschwindigkeit unter einer bestimmten Schwelle bleibt, nämlich ihre kinetische Energie unterhalb der Differenz

$$W - W_1 = h\nu_1 ,$$

die die Arbeit darstellt, die bei der Absorption der ersten Linie der Absorptionsserie aufgebraucht wird. Sobald die Elektronen diese Energie erreicht haben, geben sie sie bei dem Zusammenstoß an die Atome ab, die sie dann als Lichtemission wieder verlieren. Diese Tatsache wurde von *Franck* und *Hertz* zuerst an der Quecksilberlinie 2536 Å festgestellt[14]). Entsprechendes wiederholt sich bei den Energiebeträgen, die den andern Serienlinien entsprechen, allerdings in abgeschwächtem Maße; doch ist es *Franck* und *Einsporn*[15]) gelungen, eine große Anzahl Linien des Quecksilberdampfes durch den Energieverlust der bombardierenden Elektronen nachzuweisen. Man erhält dabei auch solche Linien, die zwar aus der Serienformel berechenbar, aber optischen Methoden nicht zugänglich sind. Besonders deutlich tritt der Energieverlust der bombardierenden Elektronen bei derjenigen Geschwindigkeit hervor, die zur vollständigen Ionisierung des Atoms nötig ist. Man mißt diese Ionisierungsenergie durch die Angabe derjenigen elektrischen Spannung in Volt, die das Elektron frei durchlaufen muß, um die zur Ionisierung nötige Endgeschwindigkeit zu erreichen. Die *Ionisierungsspannungen* sind mit dieser Methode des Elektronenstoßes für viele Elemente gemessen worden, und immer hat sich das Gesetz (25) bestätigt. Da aber die Seriengrenzen mit außerordentlicher Genauigkeit bekannt sind, die weit über das elektrisch Erreichbare hinausgeht, so hat man damit eine optische Präzisionsmessung der Ionisierungsarbeiten elektropositiver Elemente. In der folgenden Tabelle sind für die Alkalimetalle die Frequenzen ν_∞ (in cm Lichtweg) und die daraus berechneten Ionisierungsarbeiten J pro Mol (in kg-cal.) zusammengestellt.

Tabelle 2.

Element	ν_∞	J
Li	43 484	123,0
Na	41 445	117,0
K	35 006	99,0
Rb	33 685	95,1
Cs	31 407	88,6

Diese Werte J treten neben die Gitterenergien U als gleichberechtigte thermochemische Fundamentalgrößen. Man wird nun nach solchen chemischen Reaktionen suchen, deren Wärmetönung durch diese beiden Größenarten U und J allein bestimmt ist. Das ist der Fall bei Prozessen wie

$$\mathrm{NaCl} + \mathrm{K} = \mathrm{KCl} + \mathrm{Na}\,, \tag{26}$$

wenn man dabei die Metalle K und Na im Dampfzustande gegeben denkt. Denn die Wärmetönung ist offenbar

$$Q = U_{\mathrm{KCl}} - U_{\mathrm{NaCl}} + J_{\mathrm{Na}} - J_{\mathrm{K}}\,. \tag{27}$$

Sie läßt andrerseits sich aus der gemessenen Wärmetönung der zwischen den festen Metallen und den Salzen ablaufenden Reaktion und den Verdampfungswärmen der Metalle bestimmen, und dadurch kann man die Theorie prüfen[9]).

7. Die Elektronenaffinität der elektronegativen Atome.

Zu derselben Prüfung gelangt man aber auch auf einem Umwege, der zugleich die dritte Fundamentalgröße der Thermochemie in die Betrachtung einführt, nämlich die bei der Bildung der negativen Ionen auftretende Energie. Man darf auf Grund zahlreicher chemischer Erfahrungen, die *Kossel*[6]) in ein durchsichtiges System gebracht hat, vermuten, daß die Anlagerung eines Elektrons an das Atom eines elektronegativen Elements, z. B. an ein Halogenatom, mit Energieabgabe verbunden ist; das negative Ion ist also stabiler als das neutrale Atom, das letztere besitzt eine *Affinität zum Elektron.* Als Maß der *Elektronenaffinität* hat die Arbeit E zu gelten, die nötig ist, um das Elektron dem Ion zu entreißen und in großer Entfernung zur Ruhe zu bringen.

J. Franck[16]) hat kürzlich ein Verfahren angegeben, die Elektronenaffinitäten der elektronegativen Elemente direkt zu messen, das auf folgender Überlegung beruht. Wenn ein Elektron in die Nähe eines elektroaffinen Atoms gerät, wird es auf dieses stürzen, wobei eine gewisse Energie W frei werden wird; dieses W wird alle möglichen Werte haben, weil das Elektron ursprünglich verschiedene Geschwindigkeiten, also verschiedene kinetische Energien, haben kann. Der kleinste Wert von W ist offenbar die Elektronenaffinität E, die dem Fall entspricht, daß das Elektron ursprünglich ruht. Jedem Werte von W entspricht nun eine Frequenz ν nach der Bohrschen Quantenbeziehung $W = h\nu$; diese Frequenzen bilden also ein kontinuierliches Spektrum, das bei derjenigen Frequenz ν_0 plötzlich abbricht, wo $h\nu_0 = E$ ist. Franck hat nun auf einer Aufnahme des Jodspektrums von *Steubing*[17]) ein solches kontinuierliches Spektrum gefunden, dessen scharfe

Kante einer Elektronenaffinität von 59,2 kg-cal entspricht. Auch für Brom konnte er aus Aufnahmen von *Eder* und *Valenta*[18]) $E = 67{,}5$ kg-cal bestimmen. Doch ist es noch nicht absolut sichergestellt, daß die Franckschе Deutung der Spektren richtig ist. Die Größenordnung und die Reihenfolge der gefundenen Zahlen stimmt jedenfalls mit den Ergebnissen überein, die einige Jahre vorher auf theoretischem Wege gefunden worden waren; diese Methode besteht darin, mit Hilfe der Gitterenergie U der Salze und der Ionisierungswärmen J der Metalle die Elektronenaffinitäten E zu bestimmen[20])[21]). Ergeben sich dabei etwa für E_{Cl} aus verschiedenen Cl-Salzen (wie NaCl, KCl, ...) dieselben Werte, so ist damit zugleich, wie leicht zu sehen, eine Bestätigung der Formel (27) gewonnen.

Die Bestimmung von E gelingt mit Hilfe der Bildungswärmen der Salze aus den Elementen. Man übersieht dies am besten an der Hand des folgenden Kreisprozesses:

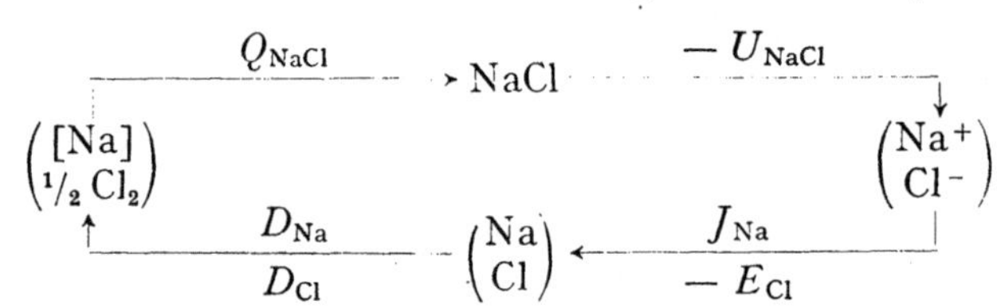

(28)

Dabei denken wir uns etwa 1 Mol festes NaCl in die freien Ionen Na^+ und Cl^- zerlegt, diese durch Austausch des Elektrons in die neutralen Atome Na und Cl verwandelt, dann den Na-Dampf zu festem [Na] kondensiert und je 2 Cl-Atome zu $^1/_2$ Mol Cl_2-Molekeln verbunden; von hier aus gelangt man dann zu dem NaCl unter Gewinnung der Reaktionswärme Q_{NaCl} zurück. Bei jedem Übergange ist die dabei frei werdende Energie angeschrieben; außer den schon definierten Bezeichnungen sind noch die Zeichen D_{Na} für die Verdampfungswärme des Metalls und D_{Cl}

für die Dissoziationswärme von $^1/_2$ Mol des Cl_2-Gases in 1 Mol Cl-Atome gebraucht. Man liest nun aus dem Kreisprozesse ab, daß

$$Q_{NaCl} - U_{NaCl} + J_{Na} - E_{Cl} + D_{Na} + D_{Cl} = 0 \qquad (29)$$

ist. Hier ist alles bekannt, außer E_{Cl}; man kann diese Größe also aus den andern berechnen. Geht man statt vom Na-Salze von einem andern Alkalisalze des Chlors aus, so erhält man mehrere unabhängige Bestimmungen von E_{Cl}, die innerhalb der Messungsgenauigkeit der einzelnen Daten übereinstimmen müssen. Die Durchrechnung hat nun ergeben, daß das in der Tat der Fall ist, und darin liegt eine Bestätigung der Theorie. Die Mittelwerte der einzelnen Bestimmungen der Elektronenaffinitäten sind (in kg-cal.):

$$E_{Cl} = 116\,, \quad E_{Br} = 87\,, \quad E_{J} = 81\,. \qquad (30)$$

Entsprechend allen chemischen Erfahrungen nehmen die Werte mit wachsendem Atomgewichte ab. Die Zahlen für Brom und Jod sind etwa um 20 kg-cal größer als die von Franck nach der oben erörterten, spektroskopischen Methode gefundenen; wenn die letzteren also genau richtig wären, müßten die Gitterenergien um einen entsprechenden Betrag falsch sein[19]), nämlich um etwa 12%. Die endgültige Entscheidung dieser Frage kann nur von neuen Versuchen erwartet werden.

8. Die Ionisierungsenergie der Halogenwasserstoffe.

Wir kommen nun zum Schlusse auf das Problem der gasförmigen Halogenwasserstoffe zurück, das den Ausgangspunkt unserer Betrachtungen über die Vereinigungsenergie der Ionen gebildet hat[20]) [21]). Wir haben nämlich jetzt alle Daten, um diese zu bestimmen; wir bezeichnen die bei der Aneinanderlagerung eines Mols H^+-Ionen und eines Mols Cl^--Ionen zu HCl-Molekeln frei werdende

Energie mit J_{HCl}. Sodann haben wir den folgenden Kreisprozeß:

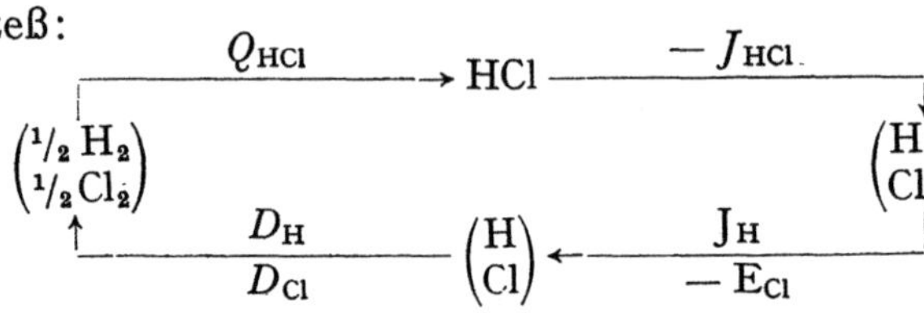

(31)

Das Schema ist wohl ohne weiteres verständlich. Doch muß ein Wort über die Ionisierungsenergie J_H des H-Atoms gesagt werden; denn diese ist nicht direkt durch Messungen gewonnen, sondern mit Hilfe der Bohrschen Atomtheorie berechnet. Das H-Atom gehört zu den wenigen Fällen, bei denen die Bohrsche Theorie die Bahnen des optischen Elektrons vollständig beherrscht; denn dieses Elektron ist das einzige, das überhaupt um den positiven Atomkern umläuft und bewegt sich daher unter dem Einfluß der Coulombschen Anziehung des Kernes auf Kreisen oder Ellipsen nach genau denselben Keplerschen Gesetzen wie die Planeten um die Sonne. Allerdings sind nicht alle Keplerschen Ellipsen möglich, sondern durch eine der Planckschen Quantentheorie entlehnte Bedingung wird eine bestimmte Reihe ausgesondert, und diese Bahnen sind die „stationären Zustände" des Atoms. Die Energie der n-ten Bahn hat den Betrag

$$W_n = \frac{Kh}{n^2}\,, \qquad (32)$$

wo K die schon oben erwähnte Rydbergsche und h die Plancksche Konstante ist. Es können also die Serien

$$\nu_\infty = K\left(\frac{1}{m^2} - \frac{1}{n^2}\right) \qquad (33)$$

auftreten, deren Grenzen die Schwingungszahlen

$$\nu_\infty = \frac{K}{m^2} \qquad (34)$$

haben; unter diesen befindet sich die schon oben erwähnte Balmersche Serie (19), die man für $m = 2$ erhält, bei deren Emission also das Elektron von der n-ten Bahn auf die zweite zurückspringt.

Dem unerregten Zustande des H-Atoms entspricht die erste Bahn, für die $\nu_\infty = K$, also die Ionisierungsarbeit $J = hK$ ist. Daraus ergibt sich die Ionisierungsenergie eines Mols H-Atome zu

$$J_{\mathrm{H}} = NhK = 310 \text{ kg-cal.} \tag{35}$$

Diese Zahl ist es, die in unserem Kreisprozesse (31) benützt ist. Alle anderen darin vorkommenden Energiewerte außer J_{HCl} sind bekannt, teils durch Messung, teils, wie E_{Cl}, durch die vorher mitgeteilte Theorie (Formel 30); man kann also J_{HCl} aus der Gleichung

$$J_{\mathrm{HCl}} = Q_{\mathrm{HCl}} + D_{\mathrm{H}} + D_{\mathrm{Cl}} + J_{\mathrm{H}} - E_{\mathrm{Cl}} \tag{36}$$

berechnen. So findet man (in kg-cal.)

$$J_{\mathrm{HCl}} = 322\,, \quad J_{\mathrm{HBr}} = 308\,, \quad J_{\mathrm{HJ}} = 299\,. \tag{37}$$

Es ist sehr merkwürdig, daß diese Größen nicht nur untereinander fast gleich herauskommen, sondern auch fast gleich sind mit der Ionisierungsspannung des H-Atoms, für die wir soeben aus der Bohrschen Theorie den Wert $J_{\mathrm{H}} = 310$ kg-cal (Formel 35) gefunden haben. Die Ablösung eines negativen Ions wie Cl^-, Br^-, J^- vom H^+-Ion erfordert also nahezu ebensoviel Energie wie die Ablösung eines Elektrons vom H^+-Ion. Auf die Wichtigkeit dieses Zusammenhangs für die Erkenntnis des Baus der Atome hat Herr *Haber*[22]) zuerst aufmerksam gemacht.

Das gefundene Ergebnis ist eine Vorhersage von Größen, die der direkten Messung zugänglich sind. Denn man kann die Halogenwasserstoffmolekeln geradeso durch Elektronenstoß in ihre Ionen spalten wie etwa ein Metallatom in das positive Metallion und ein Elektron. Diese

Versuche sind von *P. Knipping*[23]) durchgeführt worden und haben zu folgenden Zahlen geführt:

$$J_{HCl} = 331, \quad J_{HBr} = 317, \quad J_{HJ} = 308. \qquad (38)$$

Der Wert für HCl ist auch von *Foote* und *Mohler*[24]) bestimmt worden, die $J_{HCl} = 323$ fanden. Das ist eine recht gute Bestätigung der theoretischen Zahlen. Berechnet man umgekehrt aus den Knippingschen Messungen die Elektronenaffinitäten der Halogene, so findet man

$$E_{Cl} = 98, \quad E_{Br} = 68, \quad E_J = 61. \qquad (39)$$

Diese Werte liegen den von Franck gewonnenen wesentlich näher als den aus der Gittertheorie berechneten (30); doch ist die Unsicherheit der benutzten Daten noch so groß, daß eine eindeutige Entscheidung nicht möglich ist.

Nimmt man etwa die Knippingschen Werte (39) als richtig an, so kann man umgekehrt ausschließlich aus Werten, die durch die physikalische Atomistik gewonnen sind, die Wärmetönung Q der Halogenwasserstoffe berechnen und hat dann zum ersten Male die chemische Fundamentalgröße, die Wärmetönung beim absoluten Nullpunkt, für eine Gasreaktion theoretisch bestimmt. Dies ist der erste Schritt in das Gebiet, das wir als den vierten Abschnitt der physikalischen Chemie bezeichnet haben.

9. Die Verdampfungswärme der einwertigen Metalle.

Wenn wir uns nun umsehen, wohin die nächsten Schritte führen, so müssen wir eine sehr interessante Arbeit *Habers*[25]) erwähnen, der die Verdampfungswärme D von einwertigen Metallen, also die Energie eines typisch homöopolaren Prozesses, mit Hilfe der Gitterenergie berechnet hat; das gelingt ihm dadurch, daß er sich das feste Metall geradeso aus positiven Metallionen und Elektronen konstituiert denkt wie die Salze vom Typus NaCl aus positiven Metallionen und negativen Halogenionen. Dann kann man den Prozeß der Verdampfung zerlegen in die heteropolare Reaktion der Auflösung des Gitters in positive Ionen und Elektronen und darauf folgende Wiedervereinigung dieser zu neutralen Metallionen. Man setzt also

$$D = U - J,$$

wo U die Gitterenergie und J die Ionisierungsspannung des Metalls ist. Zur Berechnung von U ist noch die Kenntnis des Abstoßungsexponenten n erforderlich; diesen gewinnt man, wie bei den Salzen, mit Hilfe der Kompressibilität, doch findet man nicht durchweg $n = 9$, sondern verschiedene Werte, für die Alkalien zwischen 2,5 und 3,4, für Kupfer 8,0, für Silber 9,0. Die mit diesen n-Werten berechneten Energien U geben, vermindert um J, Verdampfungswärmen D, die mit den beobachteten in ausgezeichneter Übereinstimmung sind.

Mag man auch manche Einwände gegen die Habersche Hypothese der Metallstruktur vorbringen können, so scheint sie doch einen starken Kern an Wahrheit zu enthalten.

10. Ausblick.

Auch in anderer Richtung ist die Theorie im Ausbau begriffen. So bemüht sich besonders *Fajans*[26]) darum, aus ihr genauere Kenntnisse über die Größe, Energie und Beweglichkeit der Ionen in wässerigen Lösungen zu schöpfen.

Von physikalischer Seite her läßt sich die elektrostatische Auffassung der Gitterenergie U dadurch stützen, daß man andere physikalische Eigenschaften der Kristalle mit Hilfe derselben Voraussetzungen über die Atomkräfte berechnet. Auch dabei habe ich in einigen Fällen gute Übereinstimmungen erhalten[27]), in andern Fällen deutliche Hinweise, wie die Theorie zu verfeinern ist[28]). Außer den Kristallen der Halogenalkalisalze sind noch Flußspat (CaF_2), Zinkblende (ZnS), Bleiglanz (PbS), Periklas (MgO) und Calciumoxyd (CaO) genauer untersucht worden[19]); die dabei gewonnenen Ergebnisse sind für die Thermochemie zweiwertiger Elemente wichtig. So konnte gezeigt werden, daß das Schwefelatom eine Affinität zu 2 Elektronen vom Betrage $E = 50$ kg-cal. hat[29]). Bei Sauerstoff reicht die Genauigkeit der vorhandenen Messungen vorläufig zur Bestimmung der Elektronenaffinität nicht aus[19]).

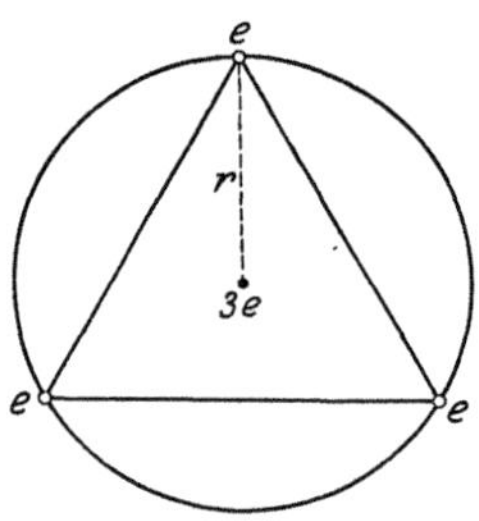

Abb. 6.

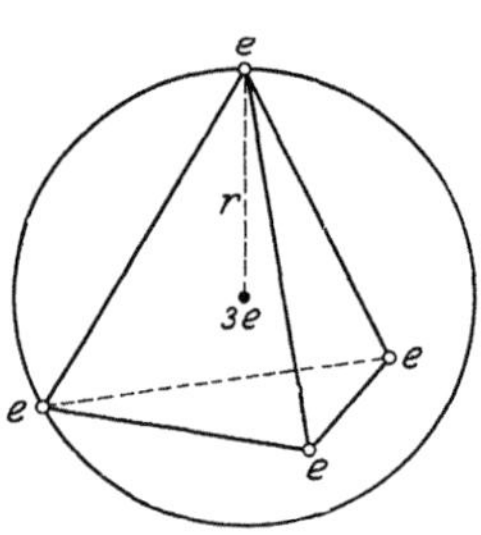

Abb. 7.
Zur Veranschaulichung des Begriffes der Elektronenaffinität.

Für das Problem des Atombaus ist die Bestimmung der Elektronenaffinität der Halogenatome von größtem Werte. Es scheint auf den ersten Blick unmöglich, mit rein elektrischen Kräften ein Atom zu konstruieren, das im neutralen Zustande weniger stabil ist als nach Aufnahme eines Elektrons. Aber *Kossel*[6]) hat, allerdings in anderem Zusammenhange, gezeigt, daß so etwas doch denkbar ist. Um ein Beispiel zu geben, so stellen wir uns als rohes Bild des Atoms eine starre Kugel vom Radius r und der positiven Ladung $3e$ vor; führen wir dieser Elektronen zu (die wir punktförmig annehmen), so werden diese sich in regulären Figuren auf der Kugeloberfläche anlagern. Drei Elektronen, die dem neutralen Atom zukommen, bilden ein gleichseitiges Dreieck (Abb. 6); vier Elektronen, die dem negativen einwertigen Ion zukommen, bilden ein reguläres Tetraeder (Abb. 7). Nun ergibt sich leicht aus den Figuren für die elektrostatische Energie dieser beiden Konfigurationen:

$$\varphi_3 = -\frac{e^2}{r}(9 - \sqrt{3}) = -\frac{e^2}{r} 7{,}269\,,$$

$$\varphi_4 = -\frac{e^2}{r}\left(12 - \frac{3\sqrt{3}}{\sqrt{2}}\right) = -\frac{e^2}{r} 9{,}326\,.$$

Es ist also $\varphi_4 < \varphi_3$, d. h. das Ion ist stabiler als das neutrale Atom.

Natürlich hat dieses Modell im übrigen keinen Anspruch auf Naturtreue, aber es erläutert den Begriff der Elektronenaffinität in anschaulicher Weise. Von der Bohrschen Atomtheorie müssen wir die richtige Lösung des Problems erwarten.

Überblicken wir den zurückgelegten Weg, so wird uns bewußt, daß er noch nicht tief in das gewaltige Reich der Chemie eindringt; aber er läßt doch bereits in der Ferne die Pässe sichtbar werden, die die Physik überschreiten muß, will sie die Nachbarwissenschaft ihren Gesetzen unterwerfen.

Literatur.

1) *J. Eggert*, Die Naturwissenschaften **7**, S. 883, 1919.
2) *O. Sackur*, Nernst-Festschrift S. 405, 1912; Ann. d. Phys. **40**, S. 67, 1913.
3) *H. Tetrode*, Ann. d. Phys. **38**, S. 434, 1912; **39**, S. 255, 1912.
4) *O. Stern*, Phys. Z. **14**, S. 629, 1913; Zeitschr. f. Elektrochemie **25**, S. 66, 1919.
5) *R. Abegg*, Zeitschr. f. anorg. Chemie **50**, S. 309, 310, 1906.
6) *W. Kossel*, Ann. d. Phys. (4), **49**, S. 229, 1916; Die Naturw. **7**, S. 339, 1919.
7) *M. Born* und *A. Landé*, Verh. d. D. Phys. Ges. **20**, S. 210, 1918.

8) *E. Madelung*, Phys. Z. **19**, S. 524, 1918. S. auch *P. P. Ewald*, Ann. d. Phys. (4), **64**, S. 253, 1921.
9) *M. Born*, Verh. d. D. phys. Ges. **21**, S. 13, 1919.
10) *K. Fajans*, Verh. d. D. phys. Ges. **21**, S. 539, 1919.
11) *J. Franck* und *G. Hertz*, Verh. d. D. Phys. Ges. **13**, S. 967, 1911; **14**, S. 167, 1912; **15**, S. 34, 373, 613, 929, 1913; **16**, S. 12, 457, 1914. — Zusammenfassende Darstellungen mit Literaturübersicht: Physik. Z. **17**, S. 409, 430, 1916; **20**, S. 132, 1919; **22**, S. 388, 409, 441, 466, 1921.
12) *N. Bohr*, Phil. Mag., Ser. 6, Vol. **26**, S. 1, 476, 1913.
13) *M. Planck*, Vorles. über die Theorie der Wärmestrahlung (Leipzig, Joh. Ambr. Barth, 1921). Eine Übersicht über den heutigen Stand der Quantentheorie bietet das Planckheft der Naturwissenschaften **6**, Heft 17, S. 195, 1918.
14) *J. Franck* und *G. Hertz*, Verh. d. D. Phys. Ges. **16**, S. 512, 1914.
15) *J. Franck* u. *E. Einsporn*, Z. f. Phys. **2**, S. 18, 1920.
16) *J. Franck*, Z. f. Phys. **5**, S. 428, 1921.
17) *W. Steubing*, Ann. d. Phys. **64**, S. 673, 1921.
18) *Eder* u. *Valenta*, Beiträge zur Photochemie und Spektralanalyse, S. 358.
19) *M. Born* u. *W. Gerlach*, Z. f. Phys. **5**, S. 433, 1921.
20) *M. Born*, Verh. d. D. phys. Ges. **21**, S. 679, 1919.
21) *K. Fajans*, Verh. d. D. phys. Ges. **21**, S. 714, 723, 1919.
22) *F. Haber*, Verh. d. D. phys. Ges. **21**, S. 750, 1919.
23) *P. Knipping*, Z. f. Phys. **7**, S. 328, 1921.
24) *Foote* u. *Mohler*, Journ. Amer. Chem. Soc. **42**, S. 1832, 1920.
25) *F. Haber*, Sitzungsber. d. Preuß. Akad. d. Wiss. **30**, S. 506, 1919.
26) *K. Fajans*, Verh. d. D. phys. Ges. **21**, S. 549, 709, 1919.
27) *M. Born*, Verh. d. D. phys. Ges. **21**, S. 533, 1919.
28) *M. Born* und *E. Bormann*, Verh. d. D. phys. Ges. **21**, S. 733, 1919.
29) *M. Born* und *E. Bormann*, Z. f. Phys. **1**, S. 250, 1920.

GPSR Compliance

The European Union's (EU) General Product Safety Regulation (GPSR) is a set of rules that requires consumer products to be safe and our obligations to ensure this.

If you have any concerns about our products, you can contact us on ProductSafety@springernature.com

In case Publisher is established outside the EU, the EU authorized representative is:

Springer Nature Customer Service Center GmbH
Europaplatz 3
69115 Heidelberg, Germany

Batch number: 10607212

Printed by Printforce, the Netherlands